高等学校土木工程专业"十三五"规划教材
全国高校土木工程专业应用型本科规划推荐教材

画法几何与土木工程制图

杜春玲　张江波　主　编

U0196244

中国建筑工业出版社

图书在版编目（CIP）数据

画法几何与土木工程制图/杜春玲，张江波主编.
北京：中国建筑工业出版社，2019.8（2025.5 重印）
高等学校土木工程专业"十三五"规划教材　全国
高校土木工程专业应用型本科规划推荐教材
ISBN 978-7-112-23802-6

Ⅰ．①画… Ⅱ．①杜… ②张… Ⅲ．①画法几
何-高等学校-教材②土木工程-建筑制图-高等学校-教
材　Ⅳ.①TU204

中国版本图书馆 CIP 数据核字（2019）第 105426 号

本书主要包括 9 个学习情境，分别为：制图的基本知识和技能；点、直线、平面的投
影；基本体的投影；轴测图；组合体的投影；工程形体的表达方法；建筑施工图；结构施
工图；室内给水排水工程图。

本书可作为高等学校土木工程、工程造价、工程管理、建筑学、给排水科学与工程等
专业的教材，也可供土建工程技术人员参考。

为了更好地支持相应课程的教学，我们向采用本书作为教材的教师提供课件，有需要
者可与出版社联系。

建工书院：http://edu. cabplink. com/index
邮箱：jckj@cabp. com. cn，2917266507@qq. com
电话：010-58337285

＊　　＊　　＊

责任编辑：聂　伟　王　跃
责任校对：张　颖

高等学校土木工程专业"十三五"规划教材
全国高校土木工程专业应用型本科规划推荐教材

画法几何与土木工程制图

杜春玲　张江波　主编

＊

中国建筑工业出版社出版、发行（北京海淀三里河路 9 号）
各地新华书店、建筑书店经销
霸州市顺浩图文科技发展有限公司制版
建工社（河北）印刷有限公司印刷

＊

开本：787×1092 毫米　1/16　印张：9¼　字数：225 千字
2019 年 8 月第一版　2025 年 5 月第五次印刷
定价：**25. 00 元**（赠教师课件）
ISBN 978-7-112-23802-6
（34119）

前　　言

　　工程施工图被誉为"工程界的语言"，任何一项建筑工程都需要依据图纸进行施工，用文字或语言表达不清楚的内容可以在施工图纸上通过各种数字、符号等详尽地表达出来。工程施工图是工程技术人员表达设计意图、交流技术思想、研究设计方案、指导和组织施工以及编制工程概预算文件、审核工程造价的重要依据。

　　"画法几何与土木工程制图"是高校土木工程类专业的一门实践性很强的基础课。为适应教学改革的需要，以培养应用型本科人才为目标，本书作者以"应用为目的、必需够用为度"的标准，在总结多年来教学经验和教改实践的基础上，根据最新国家标准和规范编写了本书。书中包括丰富的具有代表性、针对性和实用性的案例。通过本书，能够掌握正投影的基本原理和作图方法，轴测投影的基本知识和画法，组合体投影的基本画法，工程图的形成方法和表达内容；掌握制图的基本知识，了解并贯彻基本制图规范，学会正确使用绘图工具和仪器，掌握标准施工图的绘制方法，并能熟练、准确读懂土木工程施工图。

　　本书具有以下特色：

　　(1) 每个学习情境都设置了情境引入和案例导航，对知识进行引入和铺垫；在每个学习单元开始设置学习目标，明确学习要求；在学习情境最后的知识拓展和情境小结中，对内容进行了拓展和总结。

　　(2) 在内容表述上，做到文字叙述通俗易懂，对各种画法和表达方法力求简明扼要。

　　(3) 对重点、难点内容和典型例题作了较为详细的分析和叙述。

　　(4) 突出专业应用性的特点，以理论和实践结合为基础，选择实际工程图样，紧贴工程实际。

　　本书由西安思源学院杜春玲、张江波担任主编，参与编写的还有：刘薇、李芳、赵寅、郑晨、吴乐贤。具体的编写分工如下：学习情境 1、4 由杜春玲编写，学习情境 2 由赵寅编写，学习情境 3 由张江波编写，学习情境 5 由郑晨、吴乐贤编写，学习情境 6、9 由李芳编写，学习情境 7、8 由刘薇编写。

　　在本书编写过程中参阅了大量的文献，在此向这些文献的作者致以诚挚的谢意。由于编者的经验和水平有限，书中难免存在不妥之处，恳请读者批评指正。

编　　者

目　录

学习情境 1 制图的基本知识和技能

【情境引入】

当我们拿到工程图纸时，想要全面地读懂它，那么图纸中的线条、文字、符号、图案等传递给我们的信息是什么？当我们想要绘制一幅图纸时，具体的绘制方法、步骤以及要求又是怎样的呢？

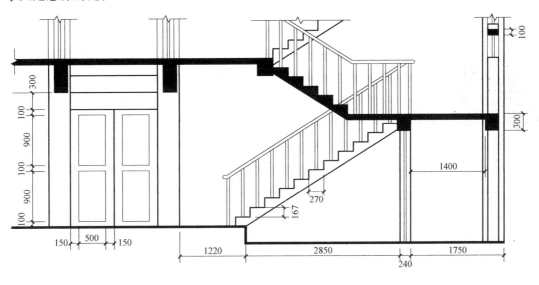

图 1-1　楼梯剖面图

【案例导航】

为了统一制图规则，保证制图质量，提高制图效率，便于进行工程建设和技术交流，国家有关部门制定出制图国家标准。凡是从事建筑工程专业的技术人员，都应该熟悉国家标准的有关知识及要求，并严格遵守执行。

想要读懂图纸所表达的内容，不仅需要知道图样中的符号、文字、线条、图例等所表达的基本意义，还要知道制图的具体规则，如图 1-1 楼梯剖面图中不同线条的线宽使用规则。

（1）常用线条的线宽有粗、中、细三种。在建筑剖面图中，被剖切到的建筑的外轮廓线、墙体等用粗实线绘制；建筑构配件轮廓线用中实线绘制；其他的部分用细实线绘制。

（2）起止符号长度为 2~3mm，采用中粗实线绘制。

（3）断面图只画剖切到的形体的外轮廓线，而剖面图还要再画出剖切到的形体的内部构造。

学习单元 1　工程制图国家标准的基本规定

【学习目标】

(1) 熟悉国家标准规定的图纸幅面及格式、比例、图线、字体、尺寸标注。

(2) 掌握在图样中正确使用字体、图线以及尺寸标注。

(3) 掌握正确使用铅笔、丁字尺、圆规等常用绘图工具。

(4) 掌握常用的几何作图方法及简单平面图形的画法。

图样是工程技术界的共同语言，是产品或工程设计结果的一种表达形式，是产品制造或工程施工的依据，是组织和管理生产的重要技术文件。为了便于技术信息交流，对图样必须作出统一的规定。

由国家指定专门机构负责组织制定的全国范围内执行的标准，称为"国家标准"，简称"国标"，代号"GB"。目前，国内执行的制图标准主要有《房屋建筑制图统一标准》GB/T 50001—2017、《总图制图标准》GB/T 50103—2010、《建筑制图标准》GB/T 50104—2010、《建筑结构制图标准》GB/T 50105—2010 等。

本学习单元对"国标"中规定的基本内容——图纸幅面及格式、比例、字体、图线、尺寸标注法等的一般规定予以介绍。

1. 图纸幅面、格式和标题栏

(1) 图纸幅面

图纸幅面是指由图纸宽度和长度所组成的图面。图纸幅面有基本幅面和加长幅面两类。绘制技术图样时，优先选用表 1-1 中的基本幅面规格尺寸。

图纸幅面和图框尺寸（单位：mm）　　　　　　　　　　　　　　　表 1-1

幅面代号	A0	A1	A2	A3	A4
$B \times L$	841×1189	594×841	420×594	297×420	210×297
e	20			10	
c	10			5	
a	25				

如图 1-2 所示，粗实线为基本幅面（第一选择）；细实线所示为表 1-1 中基本幅面对应的加长幅面（第二选择）；虚线所示为规定的可加长幅面（第三选择）。必要时，可以选用加长幅面规格尺寸。

(2) 图框

图框是图纸上限定绘图区域的线框，在图纸上，必须用粗实线画出图框，图样画在图框内部。图框格式分为留装订边和不留装订边两种，如图 1-3 所示。

(3) 标题栏

标题栏是由名称区、代号区、签字区和其他区域组成的栏目。标题栏位于图纸右下角，底边与下图框线重合，右边与右图框线重合，如图 1-4 所示。

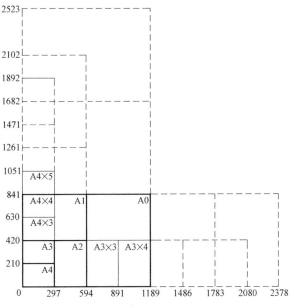

图 1-2 基本幅面和加长幅面

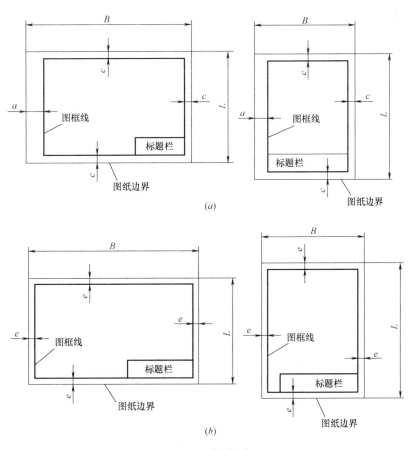

图 1-3 图框格式

（a）留有装订边的图框格式；（b）不留有装订边图框格式

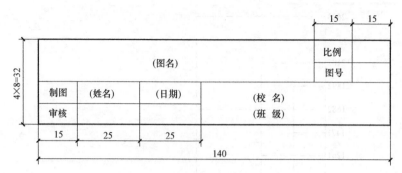

图1-4 标题栏的格式及尺寸

2. 比例

比例是指图样中图形与实物相应要素的线性尺寸之比。图样比例分为原值比例、放大比例和缩小比例三种。原值比例是比值等于1的比例，如1∶1；放大比例是比值大于1的比例（小而复杂的构件），如5∶1；缩小比例是比值小于1的比例（大而简单的构件），如1∶10。绘制图样时，应根据实际需要优先选用表1-2规定的比例。

优先选用的比例　　　　　　　　　　　　　　　　　表 1-2

种类	优先选用的比例		
原值比例（比值为1的比例）	1∶1		
放大比例（比值＞1的比例）	5∶1　2∶1 $5 \times 10^n \colon 1$　　$2 \times 10^n \colon 1$　　$1 \times 10^n \colon 1$		
缩小比例（比值＜1的比例）	1∶2 $1 \colon 2 \times 10^n$	1∶5 $1 \colon 5 \times 10^n$	1∶10 $1 \colon 1 \times 10^n$

注：n 为正整数。

比例一般应标注在标题栏中的比例栏内。必要时，可在视图名称的下方或右侧标注比例。

3. 字体

图纸中文字、数字或符号等的书写，必须做到字体端正、笔画清楚、间隔均匀、排列整齐，标点符号应清楚正确。

字体的高度（用 h 表示，单位为"mm"）习惯上称为字体的字号，如字高7mm就是7号字。字高系列为2.5mm，3.5mm，5mm，7mm，10mm，14mm，20mm。

（1）汉字

图样及说明中的汉字，宜采用长仿宋体字，并应采用国家正式公布推行的《汉字简化方案》中规定的简化字。

长仿宋体字特点是字体细长，字高与字宽的比例为1∶0.7，字形挺拔，起、落笔处均有笔锋，显得棱角分明。长仿宋体汉字的书写要领是横平竖直，注意起落，结构均匀，填满方格，如图1-5所示。

（2）字母和数字

1）字母和数字分A型和B型两种。A型字体的笔画宽度为字高的1/14；B型字体的笔画宽度为字高的1/10。同一图样上，只允许选用一种形式的字体，如图1-6所示。

字体工整　笔画清楚　间隔均匀　排列整齐

横平竖直注意起落结构均匀填满方格

图 1-5　长仿宋体汉字示例

图 1-6　A 型字母和数字示例

2）字母和数字可写成直体或斜体。斜体的字头向右倾斜，与水平基准线呈 75°，图样上一般采用斜体字，如图 1-6 所示。

3）用作指数、分数、极限偏差、注角的数字及字母，一般应采用小一号字体，如图 1-7 所示。

$$R3 \quad 2 \times 45° \quad M24\text{-}6H \quad \phi 60H7 \quad \phi 30g6$$

$$\phi 20^{+0.021}_{0} \qquad \phi 25^{-0.007}_{-0.020} \qquad Q235 \qquad HT200$$

图 1-7　指数、分数、极限偏差、注角的数字及字母示例

4. 图线

（1）基本线型

制图标准规定了各种图线的名称、线型、宽度以及在工程图样上的一般应用，见表 1-3 基本线型及应用。

（2）图线宽度

国家标准规定了 9 种图线宽度。图线的宽度 b 应根据图样的复杂程度和比例大小在下列线宽系列中选取：0.13mm，0.18mm，0.25mm，0.35mm，0.5mm，0.7mm，

1.0mm，1.4mm，2mm。

线名及代码		线　型	线宽	一般用途
实线	粗		b	主要可见轮廓线
	中粗		$0.7b$	可见轮廓线
	中		$0.5b$	可见轮廓线、尺寸线、变更云线
	细		$0.25b$	图例填充线、家具线
虚线	粗		b	见各有关专业制图标准
	中粗		$0.7b$	不可见轮廓线
	中		$0.5b$	不可见轮廓线、图例线
	细		$0.25b$	图例填充线、家具线
单点长画线	粗		b	见各有关专业制图标准
	中		$0.5b$	见各有关专业制图标准
	细		$0.25b$	中心线、对称线、轴线等
双点长画线	粗		b	见各有关专业制图标准
	中		$0.5b$	见各有关专业制图标准
	细		$0.25b$	假想轮廓线、成型前原始轮廓线
折断线	细		$0.25b$	断开界线
波浪线	细		$0.25b$	断开界线

　　工程制图中的图线线宽分为粗、中粗、中、细四种，它们的宽度之比为 1：0.7：0.5：0.25。粗线宽度优先选 1mm 和 0.7mm 两组。为了保证图样的清晰度、易读性和便于缩微复制，应尽量避免采用小于 0.18mm 的图线。

　　（3）画线时应注意的问题

　　1）同一图样中，同类图线的宽度应一致。虚线、单点长画线及双点长画线的线段长短和间隔应相等。单点长画线和双点长画线的首尾两端应是长画而不是短画。

　　2）图线相交时应以线段相交，但当虚线是粗实线的延长线时，其连接处应留空隙，如图 1-8（a）所示。

　　3）两条平行线（包括剖面线）之间的距离应不小于粗实线的两倍宽度，其最小距离不得小于 0.7mm。

　　4）绘制圆的对称中心线时，圆心应为线段的交点，且对称中心线两端应超出圆弧

6

2~5mm。在较小的图形上绘制单点长画线或双点长画线有困难时，可用细实线代替，如图 1-8（b）所示。

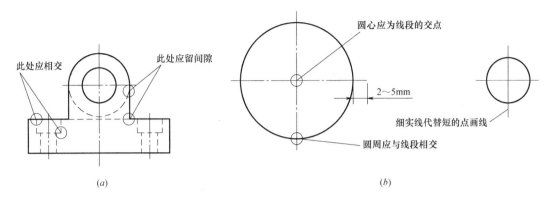

(a)	(b)

图 1-8　图线的画法

（4）图线应用

图线应用示例如图 1-9 所示。

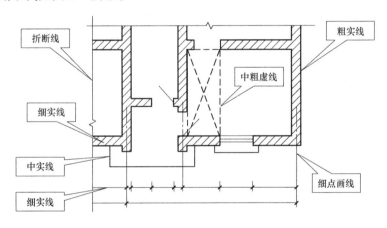

图 1-9　图线的应用

5. 尺寸注法

工程图样中除了按比例画出建筑物的形状外，还必须正确、齐全和清晰地标注尺寸，以便确定建筑物的大小，并作为制作和施工的依据。标注尺寸时，应严格遵守国家标准中有关尺寸注法的规定，做到正确、完整、清晰、合理。

（1）尺寸的组成

一个完整的尺寸由尺寸界线、尺寸线、尺寸起止符号和尺寸数字四部分组成，如图 1-10 所示。

1）尺寸界线是控制所注尺寸范围的线条，应用细实线绘制，一般应与被注长度垂直；其一端应离开图样轮廓线不小于 2mm，另一端宜超出尺寸线 2~3mm。必要时，图样的轮廓线、轴线或中心线可用作尺寸界线（图 1-11）。

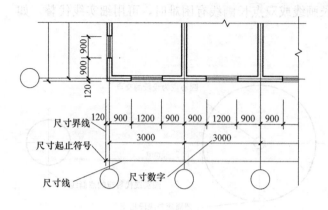

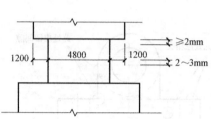

图 1-10 尺寸的组成和平行排列的尺寸　　　　图 1-11 轮廓线用作尺寸界线

2）尺寸线应用细实线绘制，一般应与被注长度平行，且不宜超出尺寸界线。任何图线或其延长线均不得用作尺寸线。

3）尺寸起止符号一般用中粗斜短线绘制，其倾斜方向应与尺寸界线成顺时针 45°角，长度宜为 2～3mm。半径、直径、角度和弧长的尺寸起止符号，宜用箭头表示（图 1-12）。

4）图样上的尺寸应以数字为准，不得从图上直接量取。图样上的尺寸单位，除标高及总平面图以"米（m）"为单位外，其他必须以"毫米（mm）"为单位，且图上的尺寸都不再注写尺寸单位。

尺寸数字的注写方向，应按图 1-13（a）规定的方向注写，尽量避免在图中所示的 30°范围内标注尺寸，当实在无法避免时，宜按图 1-13（b）的形式注写。

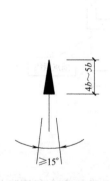

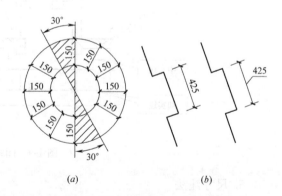

图 1-12 箭头的画法　　　　　　　　图 1-13 尺寸数字注写方向

尺寸数字应依据其读数方向注写在靠近尺寸线的上方中部，如没有足够的注写位置，最外边的尺寸数字可注写在尺寸界线外侧，中间相邻的尺寸数字可错开注写，也可引出注写，如图 1-14 所示。

图线不得穿过尺寸数字，不可避免时，应将尺寸数字处的图线断开（图 1-15）。

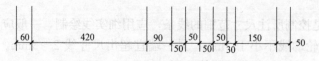

图 1-14 尺寸数字的注写位置

（2）常用尺寸的排列、布置及标注方法

尺寸宜标注在图样轮廓线以外，不宜与图线、文字及符号等相交。相互平行的尺寸线，应从被注的图样轮廓线由近向远整齐排列，小尺寸应离轮廓线较近，大尺寸应离轮廓线较远。图样轮廓线以外的尺寸线，距图样最外轮廓线之间的距离，不宜小于10mm。平行尺寸线的间距，宜为7～10mm，并应保持一致。

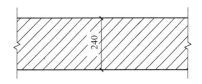

图1-15　尺寸数字处图线应断开

总尺寸的尺寸界线应靠近所指部位，中间的分尺寸的尺寸界线可稍短，但其长度应相等。半径、直径、球、角度、弧长、薄板厚度、坡度以及非圆曲线等常用尺寸的标注方法见表1-4。

常用尺寸标注方法　　　　　　　　　　　　　　　　　　　　表 1-4

标注内容	图　例	说　明
角度		尺寸线应画成圆弧，圆心是角的顶点，角的两边为尺寸界线。角度的起止符号应以箭头表示，如没有足够的位置画箭头，可以用圆点代替。角度数字应水平方向书写
圆和圆弧		标注圆或圆弧的直径、半径时，尺寸数字前应分别加符号"ϕ""R"，尺寸线及尺寸界线应按图例绘制
大圆弧		较大圆弧的半径可按图例形式标注
球面		标注球的直径、半径时，应分别在尺寸数字前加注符号"$S\phi$""SR"，注写方法与圆和圆弧的直径、半径的尺寸标注方法相同

9

标注内容	图 例	说 明
薄板厚度	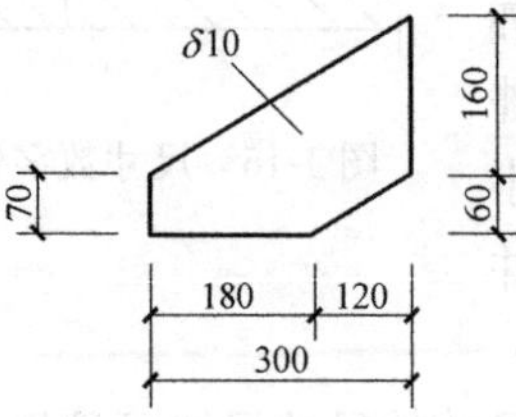	在薄板板面标注板厚尺寸时,应在厚度数字前加厚度符号"δ"
正方形	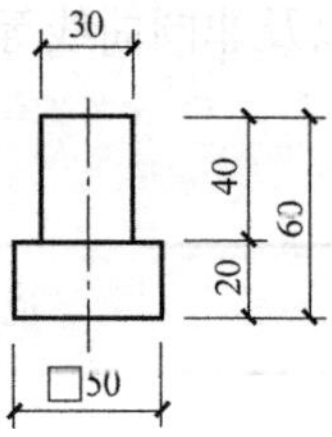	在正方形的侧面标注该正方形的尺寸,除可用"边长×边长"外,也可在边长数字前加正方形符号"□"
坡	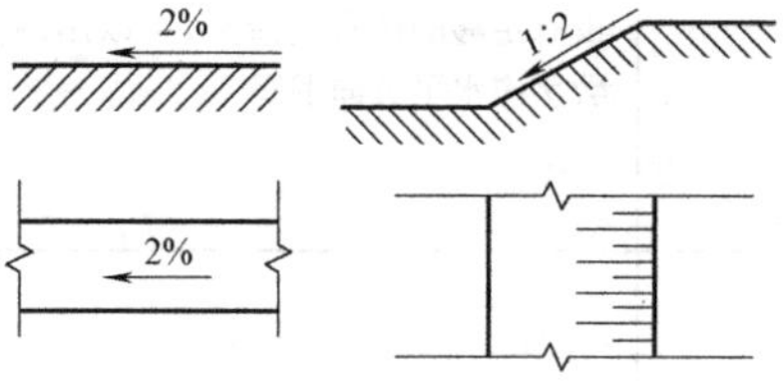	标注坡度时,在坡度数字下,应加注坡度符号,坡度符号的箭头,一般应指向下坡方向,坡度也可用直角三角形的形式标注
小圆和小圆弧	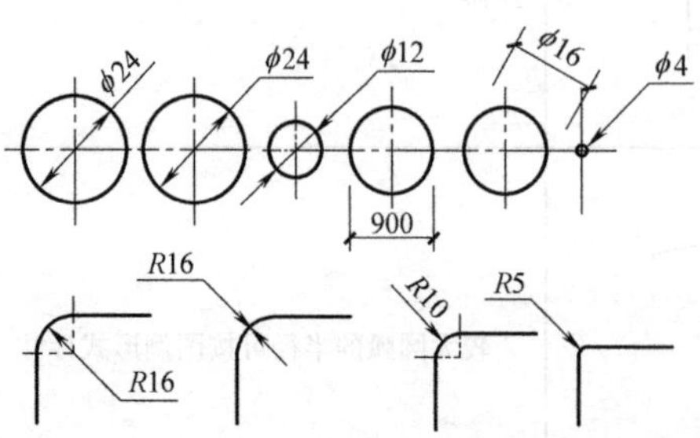	小圆的直径和小圆弧的半径可按图例形式标注
弧长和弦长	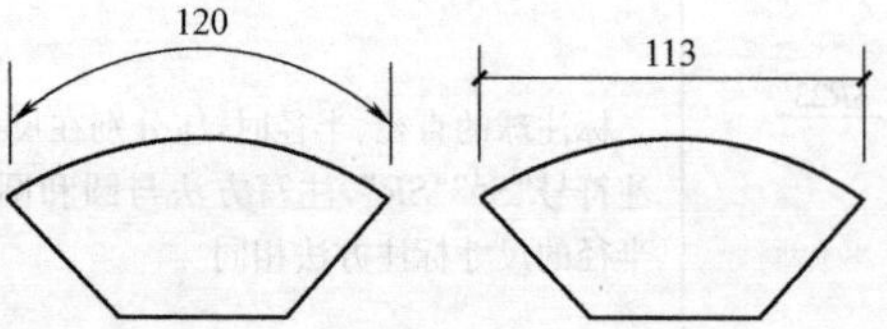	尺寸界线应垂直于该圆弧的弦。标注弧长时,尺寸线应以与该圆弧同心的圆弧线表示,起止符号应用箭头表示,尺寸数字上方应加注圆弧符号。标注弦长时,尺寸线应以平行与该弦的直线表示,起止符号用中粗斜线表示

标注内容	图 例	说 明
构件外形为非圆曲线时	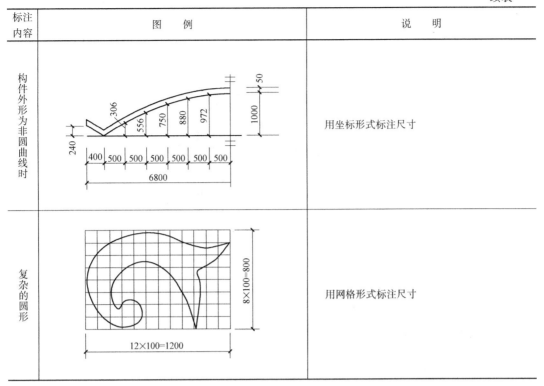	用坐标形式标注尺寸
复杂的圆形		用网格形式标注尺寸

学习单元2 绘图工具及其使用方法

【学习目标】

（1）了解常用的绘图工具及其功能。

（2）掌握常用绘图工具的使用方法。

（3）掌握尺规绘图的步骤与方法。

正确地使用和维护绘图工具，是提高图面质量、绘图速度和延长绘图工具使用寿命的重要因素。普通绘图工具有图板、丁字尺、三角板、比例尺、圆规、分规、曲线板等。虽然目前技术图样已使用计算机绘制，但尺规绘图既是工程技术人员的必备基本技能，又是学习和巩固制图学理论知识不可缺少的方法，必须熟练掌握。

1. 绘图方法简介

按使用绘图工具不同，绘图方法分为徒手绘图、尺规绘图和计算机绘图。尺规绘图是用丁字尺、图板、三角板等绘图仪器进行手工绘图的绘图方法，工程技术人员必须熟练掌握。

2. 图板和丁字尺

图板是用来铺放图纸用的，其上表面应平滑光洁。图板的左侧边为丁字尺的导边，必须平直光滑。图纸用胶带纸固定在图板上，当图纸较小时，应将图纸铺贴在图板靠近左上方的位置，如图1-16（a）所示。

丁字尺由尺头和尺身组成，尺身的上边有刻度，是工作边。画图时，要使尺头的内侧靠紧图板的左边，上下移动丁字尺由尺身的工作边从左向右画水平线，如图 1-16（b）所示。

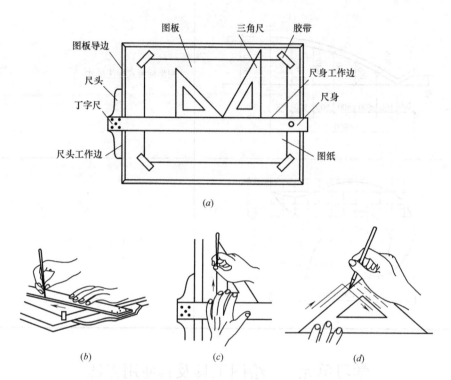

(a)

(b)　　　　　(c)　　　　　(d)

图 1-16　图板与三角板配合时水平线、垂直线和斜线的画法

3. 三角板

三角板有 45°和 30°两块，与丁字尺配合可以画垂直线，如图 1-16（c）所示，还可以绘制与水平线呈 15°、30°、45°、60°、75°夹角的斜线，如图 1-16（d）所示。

4. 圆规和分规

圆规用来画圆和圆弧。圆规有两只脚，其中一只脚上有活动钢针，钢针一端为圆锥，另一端是带有台阶的针尖，针尖是画圆或圆弧时定心用的，圆锥端作分规用；另一只脚上有活动关节，可随时装换铅芯插脚、鸭嘴插脚、作分规用的锥形钢针插脚。

画圆或圆弧前，调整针脚使针尖略长于铅芯。画图时，针尖插入纸面，铅芯与纸面接触，向前方稍微倾斜按顺时针方向画。画较大圆，则要使用加长杆，并使针尖和铅芯均垂直纸面，如图 1-17 所示。

分规用来量取线段长度和等分线段。其两脚均装有钢针，两脚并拢时，两针尖要调整对齐，如图 1-18 所示。从比例尺上量取长度时，针尖不要正对尺面，应使针尖与尺面保持倾斜。用分规等分线段时，通常用试分法。

5. 比例尺

比例尺是指刻有不同比例的直尺，有三棱式和板式两种。如图 1-19（a）所示为三棱式比例尺，它的三个侧面刻有六种不同的比例刻度。绘图时，应根据所绘图形的比例，选用相应的刻度，直接进行度量，无须换算。

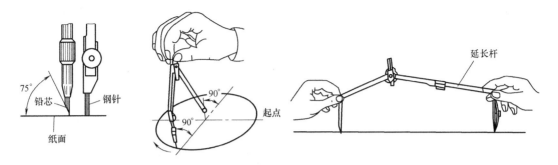

图 1-17　圆规的使用方法

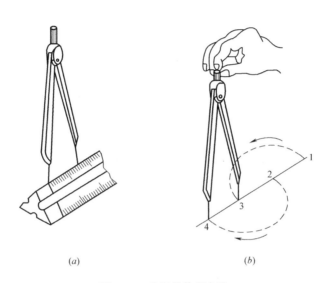

(a)　　　　　　　　　　　(b)

图 1-18　分规的使用方法

(a) 量取线段；(b) 等分线段

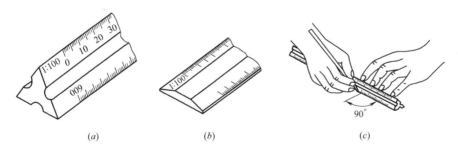

(a)　　　　　　　(b)　　　　　　(c)

图 1-19　比例尺

(a) 三棱式；(b) 板式；(c) 用比例尺量尺寸

6. 曲线板

曲线板主要用来描绘由一系列已知点确定的非圆曲线。画线时，从曲线一端开始选择曲线板与曲线吻合的四个点，用铅笔沿曲线板轮廓画出前三点之间的曲线，留下第三点与第四点之间的曲线不画；下一步再从第三点开始，包括第四点，又选择四个点，绘制第二

13

段曲线，如此重复，直至绘完整段曲线，这是利用曲线段首尾重叠的方法，以保证曲线的光滑连接，如图 1-20 所示。

图 1-20　曲线板的使用方法

7. 铅笔

绘图铅笔依据笔芯的软硬有 B、HB、H 等标号。B 前的数字越大，铅芯越软；H 前的数字越大，铅芯越硬；HB 表示软硬适中的铅芯。绘图时建议按下列标号选择绘图铅笔：

（1）打底稿、画细实线和各类点画线时，用 H 或 2H 铅笔。

（2）写字、画箭头时，选择 HB 铅笔。

（3）画中粗线时，选择 HB 或 B 铅笔。

（4）画粗实线时，选择 B 或 2B 铅笔。

（5）铅笔的铅芯可磨削或削成矩形或圆锥形，圆锥形用来画细实线、写字和打底稿，四棱柱用来加粗和描深，如图 1-21 所示。

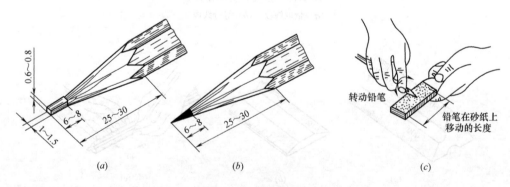

图 1-21　铅笔的削法
（a）磨成矩形；（b）磨成锥形；（c）铅笔的磨法

8. 其他工具

除了上述绘图工具外，还需要橡皮、小刀、量角器、胶带纸、擦图片、修磨铅芯的细砂纸等。胶带纸用于把图纸固定在图板上，擦图片用于修改图线时遮盖不需擦掉的图线，如图 1-22 所示。

9. 尺规绘图的步骤与方法

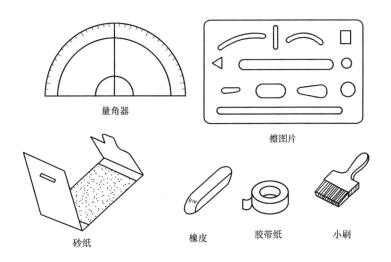

量角器

擦图片

砂纸　　橡皮　　胶带纸　　小刷

图 1-22　其他绘图工具

（1）准备工作

将圆规和铅笔的铅芯按所需绘制的线宽削好，然后将图板、丁字尺、三角板和擦图片等擦干净。

根据图形的大小和复杂程度选取比例，确定合适的图幅。将图纸的反面铺在图板的左上方，用丁字尺校正后再用胶带纸固定。

（2）画底稿

用削尖的 H 或 2H 铅笔准确、轻轻地绘制。

画底稿的步骤如下：

1）先画图框及标题栏，后画图形。

2）画图时，首先要根据其尺寸布置好图形的位置。图形与图形、图形与图框之间留有合适的间隔，以备标注尺寸用。

3）先画出基准线、轴线、对称中心线，然后再画图形的主要轮廓线，最后绘制细节部分。

（3）加深

先粗后细、先实后虚、先小后大、先圆后直、先上后下、先左后右、先水平后垂直，最后描斜线。

（4）标注尺寸

一次性画出尺寸线、尺寸界限及尺寸起止符号，填写尺寸数字和标题栏，书写技术说明等。

（5）绘图时的注意事项

1）画底稿时，细线类图线可一次画好，不必描深。

2）描深前必须全面检查底稿，把错线、多余线和作图辅助线擦去。

3）描深图线时，用力要均匀，以保证图线浓淡一致。

4）为保证图面整洁，要擦净绘图工具，尽量减少三角板在已加深的图线上反复移动。

学习单元 3　几何作图

【学习目标】

(1) 掌握直线的平行线、垂直线、等分线的画法。

(2) 了解圆内接正多边形和已知边长画正五边形的画法。

(3) 掌握直线与直线、直线与圆弧、圆弧与圆弧间用曲线连接的方法。

根据已知条件画出所需要的平面图形的过程称为几何作图。几何作图是绘制各种平面图形的基础，也是绘制各种工程图样的基础。

在制图过程中，经常会遇到线段的等分、正多边形的画法、圆弧连接、椭圆画法等几何作图问题，因此，掌握几何作图的基本方法可以提高工程制图的速度和准确度。

1. 等分直线段

用平行线法将线段进行五等分，如图 1-23 所示。

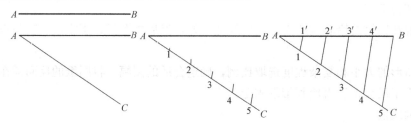

图 1-23　平行法等分线段

作图：

(1) 由端点 A 任作射线 AC。

(2) 在 AC 上以适当长度截取 5 个等分点。

(3) 连接 $5B$，过点 1、2、3、4 作 $5B$ 的平行线。

2. 等分圆周与正多边形作图

圆周的等分，可用圆规作图，也可用三角板配合丁字尺作图。

(1) 圆周的三、六等分

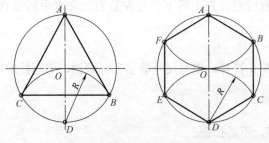

图 1-24　圆规三、六等分圆周

用圆规将圆周三、六等分的作图方法如图 1-24 所示。

1) 以点 D 为圆心，R 为半径画弧交圆于点 B、C，连接 AB、BC、CA，即得正三角形。

2) 分别以点 A 和 D 为圆心，R 为半径画弧交圆于点 B、F 和 C、E 点，依次连接各点，即得正六边形。

(2) 圆周的五等分

作图方法如图 1-25 所示。

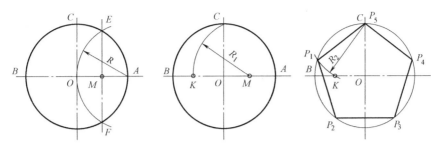

图 1-25　圆周的五等分

1）以点 A 为圆心，OA 为半径画弧交圆于点 E、F，连接 EF 得中心点 M。

2）以点 M 为圆心，CM 为半径画弧交 OB 于点 K，CK 为正五边形边长。

3）以 CK 为长，自 C 点截圆周得点 P_1、P_2、P_3、P_4、P_5，依次连接，即得五边形。

（3）圆内接正多边形

以正七边形为例介绍圆内接正多边形的画法，如图 1-26 所示。

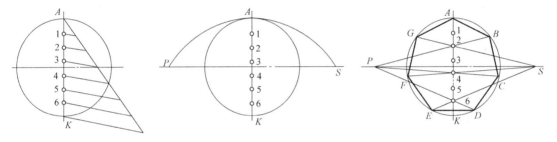

图 1-26　正多边形的画法

1）将外接圆直径 AK 七等分。

2）以点 K 为圆心，AK 为半径画弧交水平中心线于点 P 和 S。

3）自点 P 和 S 与直径 AK 上的偶数点相连，延长到圆周得点 G、B、f、C、E、D，依次相连得正七边形。

3. 圆弧连接

用已知半径但未知圆心位置的圆弧（称为连接弧）光滑地连接两已知线段（直线或圆弧），即与两已知线段相切，称为圆弧连接。常见的圆弧连接的作图方法见表 1-5。

	圆弧连接作图原理		表 1-5
用圆弧连接两已知直线	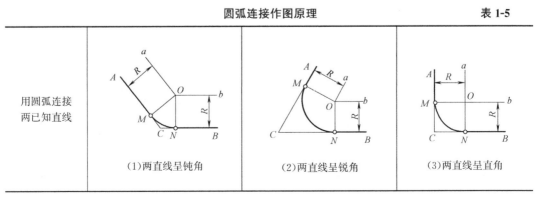		
	（1）两直线呈钝角	（2）两直线呈锐角	（3）两直线呈直角

用连接圆弧连接两已知圆弧	外连接	(1)给定两已知圆 O_1、O_2 及连接圆弧的半径 $R_外$	(2)分别以 O_1 和 O_2 为圆心，$R_1+R_外$ 和 $R_2+R_外$ 为半径作弧，两弧交点 O_3 即为连接圆弧的圆心	(3)分别作连心线 O_3O_1 和 O_3O_2，得切点 M_1、M_2，再以 O_3 为圆心，$R_外$ 为半径作弧，从 M_1 画至 M_2 即为所求
	内连接	(1)给定两已知圆 O_1、O_2 及连接圆弧的半径 $R_内$	(2)分别以 O_1 和 O_2 为圆心，$R_内-R_1$ 和 $R_内-R_2$ 为半径作弧，两弧交点 O_4 即为连接圆弧的圆心	(3)分别作连心线 O_4O_1 和 O_4O_2 并延长，得切点 N_1、N_2，再以 O_4 为圆心，$R_内$ 为半径作弧，从 N_1 画至 N_2 即为所求
	混合连接	(1)分别以 O_1 和 O_2 为圆心，$R-R_1$ 和 $R+R_2$ 为半径作弧，两弧交点 O 即为连接圆弧圆心	(2)分别作连心线 OO_1 并延长和 OO_2，得切点 K_1、K_2	(3)以 O 为圆心，R 为半径作弧，从 K_1 画至 K_2 即为所求
用连接圆弧连接一已知直径与一已知圆弧		(1)与已知圆弧外连接		(2)与已知圆弧内连接

学习单元 4　平面图形的分析与画法

【学习目标】

（1）掌握尺寸基准、定形尺寸、定位尺寸的概念；掌握尺寸和线段分析的方法。

（2）掌握平面图绘制的基本方法和步骤。

（3）掌握使用绘图工具画出简单的平面图形。

任何平面图形都是由各种线段（包括直线、圆弧、曲线）连接而成的。每条线段又由相应的尺寸来决定其长短（或大小）和位置，一个平面图形能否正确绘制出来，要看图中所给的尺寸是否齐全和正确。因此，画平面图形前先要对图形进行尺寸分析和线段性质分析，以便明确平面图形的画图步骤，正确、快速地画出图形和标注尺寸。

1. 平面图形的尺寸分析

（1）尺寸基准

标注尺寸的起点称为尺寸基准。平面图形有水平和垂直两个方向的尺寸基准，通常将对称图形的对称线、主要轮廓线等作为尺寸基准。

（2）尺寸的作用和分类

平面图形中的尺寸，按其作用可分为定形尺寸和定位尺寸两种。

1）定形尺寸

确定平面图形中几何元素大小的尺寸，称为定形尺寸。图 1-27（a）中的 R78、底部

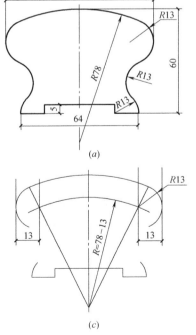

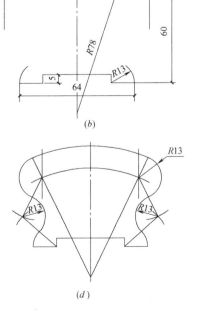

图 1-27　扶手

图形的 $R13$ 是确定圆弧半径大小的尺寸，60 和 64 是确定扶手上下方向和左右方向大小的尺寸，这些尺寸都属于定形尺寸。

2）定位尺寸

确定图中各部分（线段或图形）之间相互位置的尺寸，称为定位尺寸。平面图形的定位尺寸有水平和垂直两个方向的尺寸，每一个方向均须确定一个尺寸基准，通常以图形的对称轴线、圆的中心线以及较长的直轮廓边线作为定位尺寸的基准。有时某个尺寸既是定形尺寸，也是定位尺寸，具有双重作用。如图 1-27（a）所示的尺寸 80 是扶手的定形尺寸，又是左右侧两个外凸圆弧的定位尺寸。

2. 平面图形的线段分析

确定平面图形中任一线段，一般需要三个条件（两个定位条件和一个定形条件）。凡具备三个条件的线段可直接画出，否则要利用线段连接关系找出潜在的补充条件才能画出。因此，按图上所给尺寸是否齐全，平面图形中的线段可分为已知线段、中间线段和连接线段三类。

（1）已知线段

具有齐全的定形尺寸和定位尺寸的线段称为已知线段。如图 1-27（a）所示，扶手的大圆弧 $R78$ 和扶手下端的左右两圆弧 $R13$ 的半径均为已知，同时它们的圆心位置又能被确定，所以，该两圆弧都是已知线段，已知线段作图，如图 1-27（b）所示。

（2）中间线段

只给出线段的定形尺寸和一个定位尺寸的线段称为中间线段。如图 1-27（a）所示的左右外凸的圆弧半径为 $R13$，该圆弧具有定形尺寸半径为 13，但其圆心只知道左右方向的一个定位尺寸 80，另一个定位尺寸还需要依靠与 $R13$ 圆弧相切的已知圆弧线段（$R78$）确定，所以该 $R13$ 的圆弧是中间线段，中间线段作图如图 1-27（c）所示。

（3）连接线段

只给出线段的定形尺寸，没有定位尺寸的线段称为连接线段。定形尺寸已知，而圆心的两个定位尺寸都没有，需要依靠其两端相切，或一端相切、另一端与已绘出的其他线段连接才能确定圆心位置的线段，即为连接线段。如图 1-27（a）所示的与两个已绘出的半径为 13 的圆弧相切的中间部位的 $R13$ 圆弧是连接线段，连接线段作图如图 1-27（d）所示。

仔细分析上述三类线段，可以得出线段连接的一般规律：先确定图形的基准线，画已知线段，再画中间线段，最后画连接线段。

3. 画图的方法和步骤

画平面图形时，在对其尺寸和线段进行分析后，需先绘出所有已知线段，然后顺次画出各中间线段，最后画出连接线段，现以图 1-28 所示的手柄为例，将平面图形的画图步骤归纳如下。

（1）准备工作

1）准备好三角板、丁字尺等绘图工具，按各种线宽的要求削好铅笔。

2）分析图形的尺寸与线段，确定作图步骤。

3）确定比例，选取图幅，固定图纸。

4）按国家标准画出图框和标题栏。

（2）绘制底稿

1）用 H 或 2H 铅笔尽量轻、细、准地绘底稿。

2）画底稿时，先确定图形位置画出作图基准线，再依次画出已知线段、中间线段和连接线段，如图 1-28 所示。

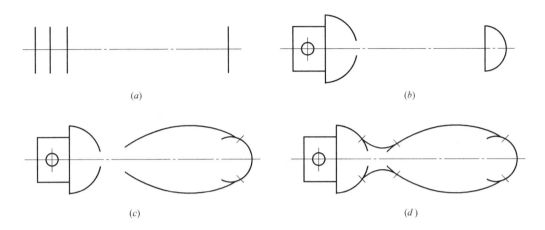

图 1-28　绘制平面图形底稿的步骤

（a）画作图基准线；（b）画已知线段；（c）画中间线段；（d）画连接线段

（3）检查及加深

1）全面检查底稿，修正错误，擦去多余图线。

2）先加深粗实线，再加深粗虚线等。

3）描粗加深同一线型时，应先画圆弧，后画直线。

4）标注尺寸，填写标题栏，完成全图。

4. 平面图形的尺寸标注

标注尺寸的步骤如下：

（1）分析平面图形的组成，确定尺寸基准。

（2）标注定形尺寸。

（3）标注定位尺寸，已知线段或圆弧的两个定位尺寸都要标注。

（4）中间弧只需标注出确定圆心的一个定位尺寸。

（5）连接弧圆心的两个定位尺寸都不标注，否则会出现多余尺寸。

（6）检查标注的尺寸是否完整、清晰。

在标注尺寸时，应分析图形各部分的构成，确定尺寸基准，先标注定形尺寸，再标注定位尺寸。标注平面图形尺寸的要求是正确、完整、清晰。正确是指标注尺寸严格符合国家标准规定；完整是指标注尺寸齐全、不遗漏、不重复；清晰是指尺寸在图上的布局要清晰。

【知识拓展】

徒手绘图的方法

徒手绘图是用目测来估计物体的形状和大小，不借助绘图工具，徒手画出图样的方法。

徒手绘图的基本要求是：画线要稳，图线要清晰；目测尺寸要准，各部分比例准确；绘图速度要快；标注尺寸无误，字体工整。

1. 直线的画法

徒手画直线时握笔的手要放松，用手腕抵着纸面，沿着画线方向移动，眼睛要瞄着线段的终点。画水平线时，图纸可放斜一点，不要将图纸固定死，以便可随时转动图纸到最顺手的位置。

画垂直线时，自上而下运笔。直线的画法如图 1-29 所示。

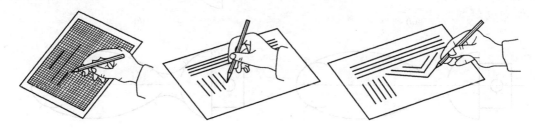

图 1-29　直线的画法

2. 圆的画法

画圆时，先定出圆心的位置，过圆心画出互相垂直的两条中心线，再在中心线上按半径大小目测定出四个点后，分两半画成。对于直径较大的圆，可在 45°方向的两中心线上再目测增加四个点，分段逐步完成，如图 1-30 所示。

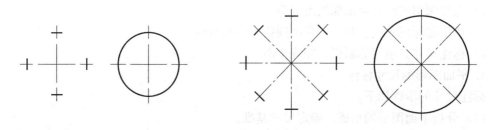

图 1-30　圆的画法

3. 角度的画法

画 30°、45°、60°角度时，先根据两直角边的比例关系近似确定两端点，徒手连成直线，如图 1-31 所示。

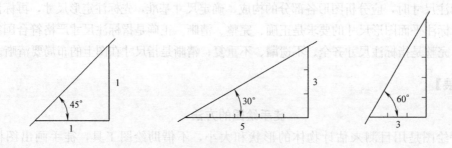

图 1-31　角度的画法

4. 椭圆的近似画法

画椭圆时，先目测定出其长、短轴上的四个端点，将它们连成矩形，再分段画出四段圆弧，四段圆弧要与矩形相切。画图时应注意图形的对称性，如图1-32所示。

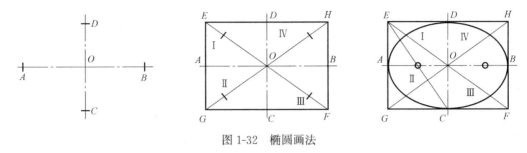

图1-32　椭圆画法

【情境小结】

本学习情境介绍了制图国家标准的基本规定、绘图工具的使用、几何作图、平面图形的分析和画法等制图的基本知识。重点掌握制图国家标准的有关规定及平面图形的画法。在学习时应注意培养良好的作图习惯，严格遵守制图国家标准，为进一步学习打下基础。

学习情境 2　点、直线、平面的投影

【情境引入】

　　在日常生活中，人们可以看到，当太阳光或灯光照射物体时，墙壁上或地面上会出现物体的影子。投影法与这种自然现象类似。人们利用投影的方法绘制工程图样和解决空间几何问题。

【案例导航】

　　投影法是从光线照射空间形体在平面上获得阴影这一物理现象而来的。以光源点为投影中心，点与形体上某个点的连线为投影线（即光线），显现阴影的平面为投影面，投影线与平面的交点就是点在投影面上的投影。依此方法作出形体上其余点、线的投影。

　　要了解投影的基本知识，要从以下五个方面学习：

　　（1）投影概念。

　　（2）正投影的特性。

　　（3）点的投影。

　　（4）直线的投影。

　　（5）平面的投影。

学习单元 1　投 影 概 念

【学习目标】

　　（1）了解投影的形成。

　　（2）了解投影的分类。

　　（3）了解投影图的分类。

　　（4）掌握投影的形成和分类。

　　在灯光或太阳光照射物体时，在地面或墙上就会产生与原物体相同或相似的影子，人们根据这个自然现象，总结出将空间物体表达为平面图形的方法，即投影法。

　　在投影法中，向物体投射的光线，称为投影线；出现影像的平面，称为投影面；所得影像的集合轮廓称为投影或投影图。

　　1. 投影的形成

　　投影的三要素为：光源、投影面、投射线（图 2-1）。

　　2. 投影的分类

　　投影可分为中心投影和平行投影。

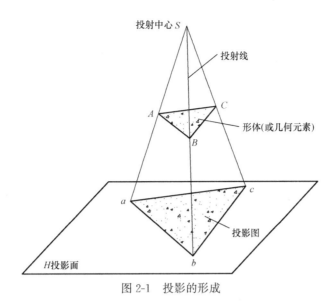

图 2-1 投影的形成

（1）中心投影：当投影中心距离投影面有限远时，所有投射线交汇于一点，这种投影称为中心投影。

（2）平行投影：当投影中心距投影面无限远时，形成的投影为平行投影。

平行投影根据投射线与投影面的角度不同可分为：斜投影和正投影。

3. 投影图的分类：

（1）透视投影图：一般用于工程图的辅助图样。

（2）轴测投影图：为单面投影图，只能作为工程图的辅助图样。

（3）正投影图：工程图样中的主要图示方法。

（4）标高投影图：是一种单面投影，常用来表达地面的形状，如地形图。

学习单元 2　正投影的特性

【学习目标】

（1）掌握点、直线、平面正投影的特性。

（2）了解三面正投影图。

正投影是指平行投射线垂直于投影面。由一点放射的投射线所产生的投影称为中心投影，由相互平行的投射线所产生的投影称为平行投影。物体在灯光或日光的照射下会产生影子，而且影子与物体本身的形状有一定的几何关系，这是一种自然现象，人们将这一自然现象加以科学的抽象，得出投影法则。

1. 点、直线、平面正投影的特性

（1）类似性

点的投影为点，直线的投影一般为直线，平面的投影一般为平面，保留其空间的几何形状，这就是类似性。

（2）真实性

当空间直线、平面平行于投影面时，其正投影分别反映实长及实形，称为真实性。

（3）积聚性

空间直线、平面垂直于投影面时，在该投影面上的正投影分别为一个点和一条直线，这种性质称为投影的积聚性。

（4）平行性

空间相互平行的直线，它们的同面投影仍保持互相平行。

（5）定比性

平面上两线段长度之比等于它们同面投影的长度之比（图2-2），$AD : CB = ad : cb$。

2. 三面正投影图

建立一个三投影体系。给出三个相互垂直的投影面 H、V、W。其中 H 面为水平方向，称为水平投影面；V 面为正立方向，称为正立投影面；W 面为侧立方向，称为侧立投影面。三个面的交线称为投影轴。

将三个投影面展开在一个平面上，作三面投影图（图2-3）。

三面投影图的规律是：长对正、高平齐、宽相等。

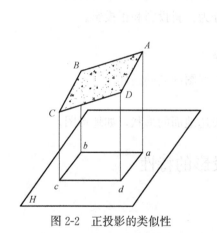

图 2-2　正投影的类似性

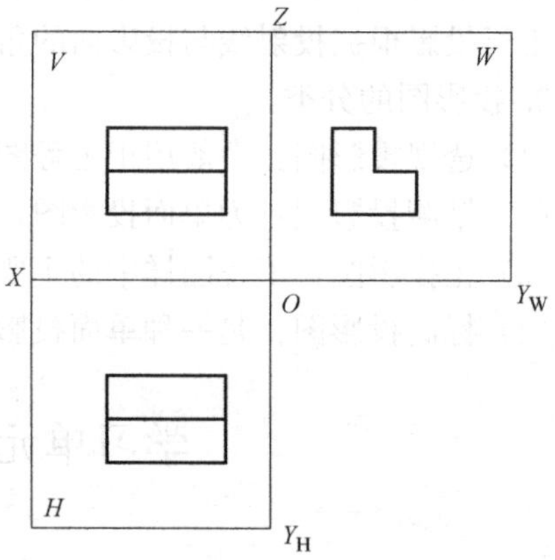

图 2-3　三面投影的形成

学习单元 3　点 的 投 影

【学习目标】

（1）了解点的两面投影。

（2）掌握点的三面投影及投影规律。

（3）掌握两点的相对位置。

建筑工程形体是由不同的基本体构成的，不论其形状和复杂程度如何，其投影的基础均是点的投影。

1. 点的两面投影

有了点的两面投影能确定点在空间的唯一位置。

点的两面投影的规律为（图 2-4）：

（1）投影连线垂直投影轴。

（2）空间点到 V 面的距离等于水平投影到 OX 轴的距离，即 $Aa'=aa_x$。

（3）空间点到 H 面的距离等于正面投影到 OX 轴的距离，即 $Aa=a'a_x$。

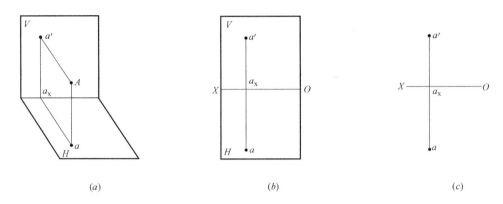

(a) (b) (c)

图 2-4 点的两面投影规律

(a) 立体图；(b) 投影面展开后；(c) 投影面

2. 点的三面投影及投影规律

（1）点的三面投影

点的三面投影规律为：

1）点的投影连线垂直投影轴。

2）空间点到投影面的距离，可由点的投影到相应投影轴的距离确定，即 $Aa'=aa_x=a''a_z$，$Aa=a'a_x=a''a_{yW}$，$Aa''=aa_{yH}=a'a_z$。

（2）点的三面投影图（图 2-5）

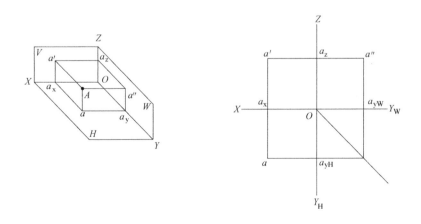

图 2-5 点的三面投影

3. 两点的相对位置

(1) 点的坐标

如 A 点的坐标为 A $(x，y，z)$，其中点的 x 坐标为点到 W 面的距离，点的 y 坐标为点到 V 面的距离，点的 z 坐标为点到 H 面的距离，即：

$x=Aa''$，$y=Aa'$，$z=Aa$。

(2) 两点的相对位置空间

点的相对位置具有前后、左右、上下六个方位。

x 坐标大的在左边，小的在右边；

y 坐标大的在前边，小的在后边；

z 坐标大的在上边，小的在下边。

(3) 重影点及投影的可见性

如果空间两点的某两个坐标相同，这两点就位于某一投影面的同一条投射线上，且这两点在该投影面的投影重合为一点，这两点就称为该投影面的重影点（图 2-6）。

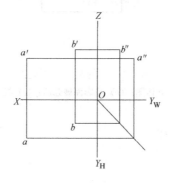

图 2-6 判断两点的相对位置

(4) 特殊点的投影（图 2-7）

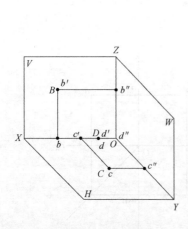

(a)

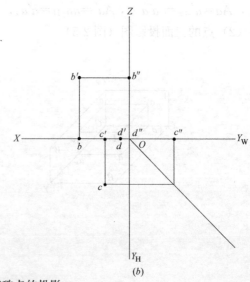

(b)

图 2-7 特殊点的投影

(a) 立体图；(b) 投影图

28

【例 2-1】 如图 2-8 所示，已知 A、B 两点的三面投影，判别两点的相对位置。

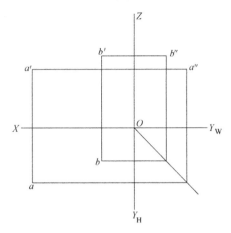

图 2-8 判断两点的相对位置

经判别：A 点在 B 点左侧、前方、下方。

学习单元 4　直线的投影

【学习目标】

（1）掌握直线的投影特性。

（2）掌握直线上的点。

（3）掌握一般位置直线的实长和倾角。

（4）掌握两直线的相对位置。

（5）掌握一边平行投影面的直角的投影。

由几何学可知，直线的长度是无限的，但我们这里所述的直线是指直线段，直线的投影实际上是指直线段的投影。

1. 直线的投影

（1）直线投影的形成

1）直线投影的形成：一条直线可由直线上的两点来决定。只要能画出直线上两点的投影，然后连线即可（图 2-9）。

2）直线对投影面的倾角：一条直线对 H、V、W 面的夹角称为直线对投影面的倾角。

（2）各种位置直线的投影

1）一般位置直线（图 2-10）

一般位置直线特点为：

① 三个投影均倾斜于投影轴，既不反映实长也没有积聚性。

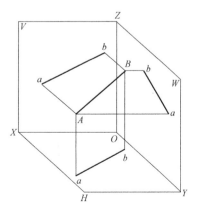

图 2-9 直线的投影

29

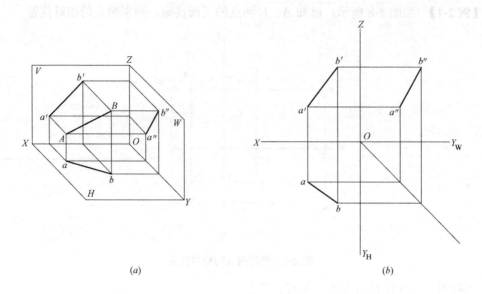

(a)   (b)

图 2-10 一般位置直线

② 三个投影的长度都小于线段的实长；对 H 面、V 面、W 面的倾角的投影都不反应实形。

2）投影面垂直线

投影面垂直线的形成：投影面垂直线在空间与一个投影面垂直，与另两个投影面平行。其可分为：铅垂线、正垂线、侧垂线（表 2-1）。

投影面垂直线   表 2-1

名称	铅垂线	正垂线	侧垂线
立体图			
投影图			

名称		铅垂线	正垂线	侧垂线
投影特征	H	$a(b)$ 积聚为一点	$cd=CD,cd/\!/OY_H$	$ef=EF,ef/\!/OX$
	V	$a'b'=AB,a'b'/\!/OZ$	$c'(d')$ 积聚为一点	$e'f'=EF,e'f'/\!/OX$
	W	$a''b''=AB,a''b''/\!/OZ$	$c''d''=CD,c''d''/\!/OY_W$	$e''(f'')$ 积聚为一点
倾角		$\alpha=90°,\beta=\gamma=0°$	$\beta=90°,\alpha=\gamma=0°$	$\gamma=90°,\alpha=\beta=0°$

投影面垂直线特点为：

① 在其所垂直的投影面上的投影积聚为一点。

② 其余两个投影平行于同一投影轴，并反映该线段的实长。

3) 投影面平行线

投影面平行线的形成：投影面平行线在空间和一个投影面平行，与另两个投影面倾斜。其可分为：水平线、正平线、侧平线（表 2-2）。

投影面平行线 表 2-2

名称		水平线	正平线	侧平线
投影特征	H	$ab=AB$ 实长，反映 β,γ 倾角	$cd\perp OY_H,cd<CD$	$ef\perp OX,ef<EF$
	V	$a'b'\perp OZ,a'b'<AB$	$c'd'=CD$ 实长，反映 α,γ 倾角	$e'f'\perp OX,e'f'<EF$
	W	$a''b''\perp OZ,a''b''<AB$	$c''d''\perp OY_W,c''d''<CD$	$e''f''=EF$ 实长，反映 α、β 倾角
倾角		$\alpha=0°,0°<\beta,\gamma<90°$	$\beta=0°,0°<\alpha,\gamma<90°$	$\gamma=0°,0°<\alpha,\beta<90°$

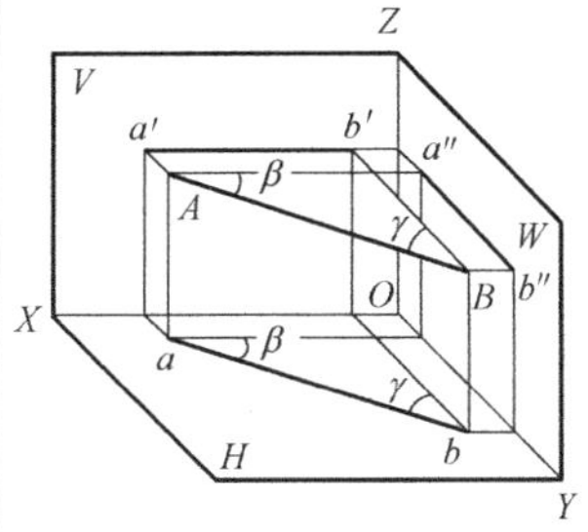

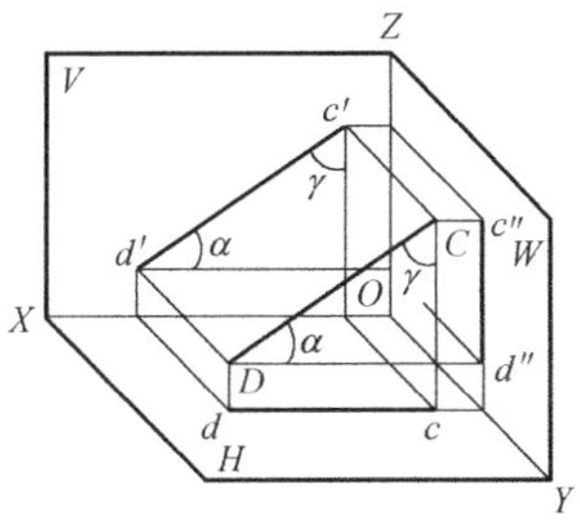

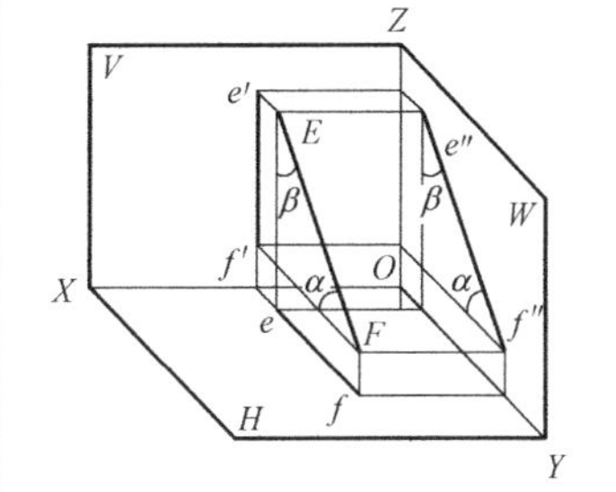

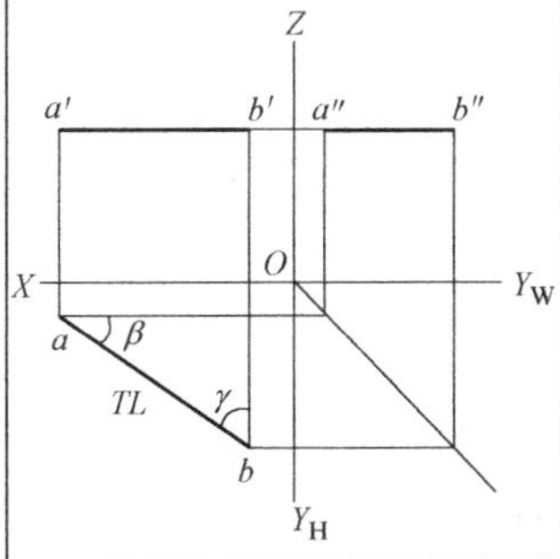

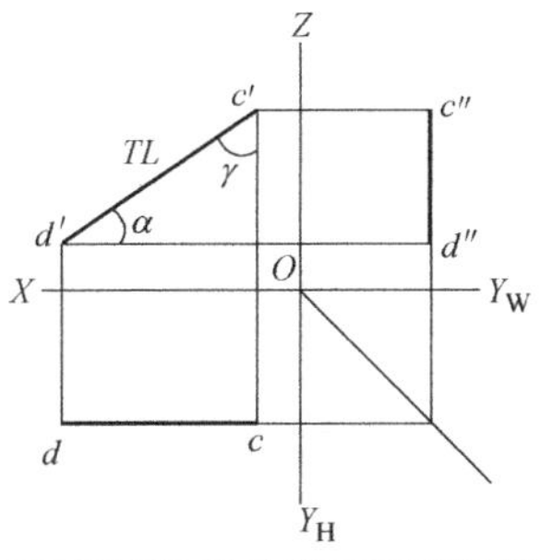

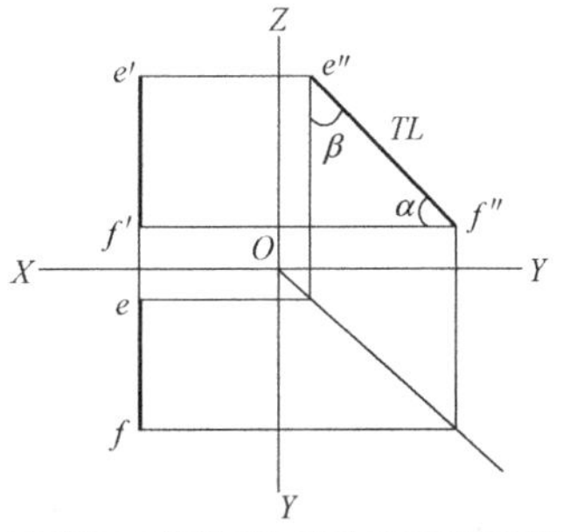

投影面平行线特点：

① 在它所平行的投影面上的投影反映该直线的实长及该直线与其他两个投影面倾角的实形。

② 其余两个投影平行于不同的投影轴，长度缩短。

【例 2-2】 如图 2-11 所示，已知点 A 的三面投影，过点 A 作正平线 $AB=15$mm，AB 与 H 面的倾角为 $30°$，B 点在 A 点的右上方。求 AB 的三面投影。

31

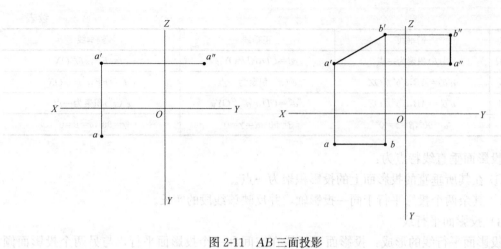

图 2-11　AB三面投影

2. 直线上的点

定比性，对于同一直线来说，是其在空间中被分成的比例，在投影图中同样保持。

【例 2-3】　如图 2-12 所示，在直线 AB 上求点 C，使 $AC:CB=2:3$。

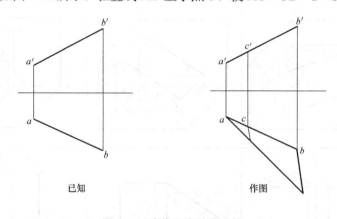

已知　　　　　　作图

图 2-12　直线上点的定比性

3. 一般位置直线的实长和倾角

【例 2-4】　如图 2-13 所示，已知直线 AB 的部分投影，$AB=22\text{mm}$，点 B 在点 A 之前。求直线 AB 与 V 面的倾角。

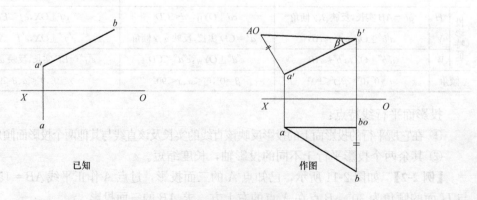

已知　　　　　　作图

图 2-13　一般位置直线求倾角

4. 两直线的相对位置

（1）两直线平行（图 2-14）

两直线平行的特点是：若两直线空间平行，则其各同面投影平行。

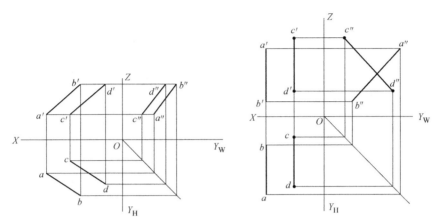

图 2-14　两直线平行判定

两直线平行的判定条件是：

1）若两直线的三组同面投影都平行，则两直线在空间平行。

2）若两直线为一般位置直线，则只要两组同面投影相互平行，则直线空间平行。

3）若两直线为某一投影面的平行线，则要用两直线在该投影面上的投影来判定其是否平行。

（2）两直线相交（图 2-15）

两直线相交的特点为：两直线在空间相交，则其各同面投影必相交，且交点符合点的投影规律。

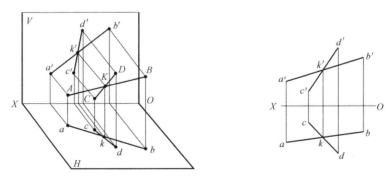

图 2-15　两直线相交判定

两直线相交的判定条件是：

1）若两直线的各同面投影都相交，且交点符合点的投影规律，则两直线为相交直线。

2）对两一般位置直线而言，只要两组同面投影符合上述条件，就可判定直线空间相交。

3）对两直线中有某一投影面的平行线，则验证直线在该投影面上的投影是否满足相交条件即能判断两条直线是否相交。

（3）两直线交叉（图 2-16）

空间两直线既不相交也不平行则称为交叉直线。

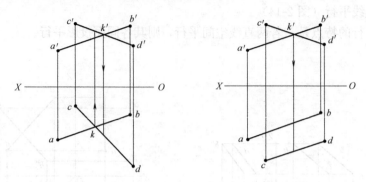

图 2-16　两直线交叉判定

5. 一边平行投影面的直角的投影

当直角的一边平行于某投影面时，该直角在该投影面上的投影是直角，这一性质称为直角定理（图 2-17）。

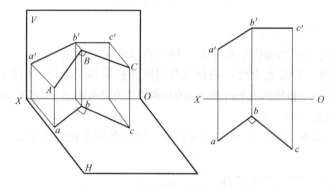

图 2-17　一边平行投影面的直角的投影

【例 2-5】　如图 2-18 所示，求 K 点到直线 AB 的距离。

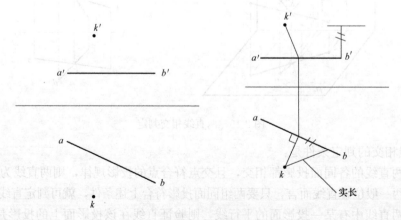

图 2-18　点到直线的距离

【例 2-6】　如图 2-19 所示，补全多边形 $ABCDE$ 的两面投影。

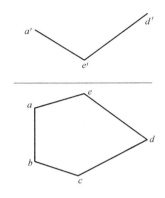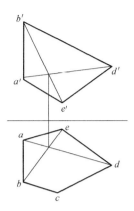

图 2-19　补全多边形两面投影

学习单元 5　平面的投影

【学习目标】

（1）掌握平面的表示方法。

（2）掌握各种位置平面投影。

（3）掌握属于平面的点和线。

（4）掌握平面的投影特性和投影作图。

由初等几何学可知，不在一条直线上的三点、一条直线和线外一点、两平行直线、两相交直线可决定一平面，在投影图上可利用这样的几何元素来表示平面。平面立体的任何一个外表面都有一定的形状、大小和相对位置，从形状上来说，常见的平面图形有三角形、矩形、正多边形等直线轮廓的图形。

1. 平面的表示方法

（1）用几何元素表示平面

1）不在同一直线上的三个点（图 2-20*a*）；

2）直线和直线外一点（图 2-20*b*）；

3）两条相交直线（图 2-20*c*）；

4）两条平行直线（图 2-20*d*）；

5）平面图形，如三角形等（图 2-20*e*）。

（2）用迹线表示平面（图 2-21）

2. 各种位置平面投影

（1）一般位置平面

一般位置平面的形成：一般位置平面是与每个投影面都倾斜的平面，简称一般面（图 2-22）。

一般位置平面的特点：一般位置平面的三个投影都没有积聚性，都与原平面图形形状相类似，都不反映三个倾角的实形。

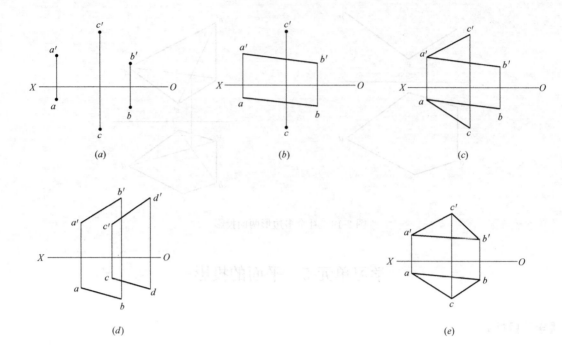

图 2-20　用几何元素表示平面

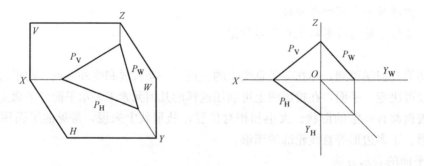

图 2-21　用迹线表示平面

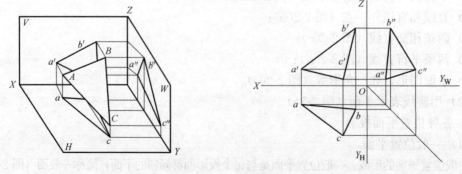

图 2-22　一般位置平面

（2）投影面垂直面

投影面垂直面的形成：投影面垂直面是垂直于某一投影面而与其余两个投影面倾斜的平面。垂直于 H 面时称为水平面垂直面，简称铅垂面；垂直于 V 面时称为正面垂直面，简称正垂面；垂直于 W 面时称为侧面垂直面，简称侧垂面（表 2-3）。

投影面垂直面 　　　　　　　　　　　　　　　　　表 2-3

名称		铅垂面	正垂面	侧垂面
立体图				
投影图				
投影特性	H	p 积聚成一直线	q,Q 为类似图形	$r、R$ 为类似图形
	V	$p'、P$ 为类似图形	q' 积聚成一直线	$r'、R$ 为类似图形
	W	$p''、P$ 为类似图形	$q''、Q$ 为类似图形	r'' 积聚成一直线
倾角		p 与投影轴夹角反映 $\beta、\gamma$ $\alpha=90°,0°<\beta、\gamma<90°$	q 与投影轴夹角反映 $\alpha、\gamma$ $\beta=90°,0°<\alpha、\gamma<90°$	r 与投影轴夹角反映 $\alpha、\beta$ $\gamma=90°,0°<\alpha、\beta<90°$

投影面垂直面的特点：

1）在平面所垂直的投影面上的投影积聚为一倾斜直线。倾斜直线与两投影轴夹角反映该平面与另两个投影面的倾角。

2）在其他两个投影面上的投影与原平面图形形状类似，但比实形小。

（3）投影面平行面

投影面平行面的形成：投影面平行面是平行于某一投影面且与其余两个投影面垂直的平面。平行于 H 面的平面称为水平面；平行于 V 面的平面称为正平面；平行于 W 面的平面称为侧平面（表 2-4）。

投影面平行面的特点：

1）平面在其所平行的投影面上的投影反应实形。

2）平面在其他两个投影面上的投影积聚成水平直线或铅垂直线，即平行于相应的投影轴。

3. 属于平面的点和线

（1）平面内的点。点属于平面的条件是：点属于平面内一点，则其投影必位于平面某一直线上，且符合投影规律（图 2-23）。

投影面平行面   表 2-4

名称		水平面	正平面	侧平面
立体图		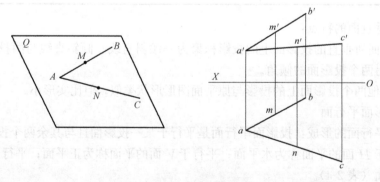		
投影图				
投影特性	H	p 反映实形	q 积聚成一直线，$q\perp OY_H$	r 积聚成一直线，$r\perp OX$
	V	p' 积聚成一直线，$p'\perp OZ$	q' 反映实形	r' 积聚成一直线，$r'\perp OX$
	W	p'' 积聚成一直线，$p''\perp OZ$	q'' 积聚成一直线，$q''\perp OY_W$	r'' 反映实形
倾角		$\alpha=0°,\beta=\gamma=90°$	$\beta=0°,\alpha=\gamma=90°$	$\gamma=0°,\alpha=\beta=90°$

图 2-23 平面内的点

（2）平面内的直线。直线属于平面的条件是：直线过平面上两点（图 2-24a），或直线通过平面上的一个点与平面内的另一直线平行（图 2-24b）。

（3）平面内存在着特殊的直线：平面内水平线、平面内正平线、平面的最大斜度线。

【例 2-7】 如图 2-25 所示，已知四边形 ABCD 的水平投影 abcd 和两条边 AB、BC 的

38

正面投影 $a'b'$、$b'c'$，完成四边形的正面投影。

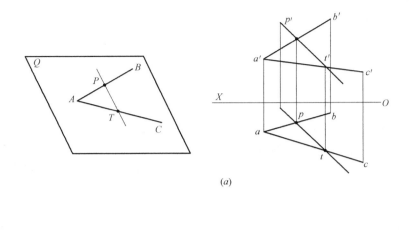

(a)

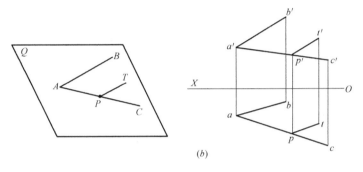

(b)

图 2-24　平面内的直线

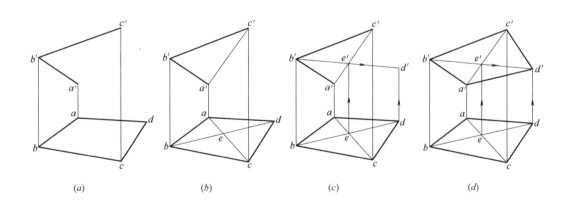

(a)　　　　　　　　(b)　　　　　　　　(c)　　　　　　　　(d)

图 2-25　完成四边形的正面投影

(a) 已知条件；(b) 求点 e；(c) 求点 d'；(d) 完成作图

作图过程：先连接对角线 ac 和 $a'c'$，再连接对角线 bd，bd 与 ac 相交于 e。再从 e 向上作竖线，与 $a'c'$ 相交于 e'，连接 $b'e'$ 并延长，与从 d 点向上作的竖线相交于 d'。最后连接 $a'd'$ 和 $c'd'$，完成作图。

1103 年，中国宋代李诫所著《营造法式》中的建筑图基本上符合几何规则，但在当时尚未形成画法的理论。

1763 年，里昂学院年轻的物理学教授蒙日，在一次探亲回家的途中，遇见一位工程部门的官员，对方曾看见蒙日 16 岁时完全凭自己能力绘制的一幅有名的地图，他建议蒙日到梅济耶尔的军事学校去。蒙日没有仔细考虑就答应了。到梅济耶尔之后，他很快就知道自己永远得不到军官委任状，因为他出身低微。他只能做实际工作，天天跟踪测量并和制图打交道。不过这种工作使他有大量时间研究数学。学校常规课程中很重要的一部分筑城术，其中的关键是把防御工事设计得十分隐蔽，没有任何部分暴露在敌方的直接火力之下，而这往往需要大量的算术运算。有时为了解决问题，只好把已经建成的工事拆毁，再从头开始。精通几何的蒙日在思考如何简化这项军事工程的过程中发明了画法几何。按照他的方法，空间的立体或其他图形就可以由两个投影描画在同一个平面上。这样，有关工事的复杂计算就被作图方法所取代。经过短期训练，任何制图员都能胜任这种工作。蒙日把他的发明呈交给一位高级官员。那人不相信一个繁难的工事问题能够得到解答。蒙日继续坚持，说他没有用算术。官员只好让步。审查结果发现，他的解答是正确的。蒙日立刻得到一个小小的教学职位，任务是把这个新方法教给未来的军事工程师。他被要求宣誓不泄露他的方法，画法几何因此作为一个军事秘密被小心翼翼地保守了 15 年之久，到 1794 年蒙日才得到允许在巴黎师范学院将之公之于世。没有蒙日最初为军事工程作的发明，19 世纪机器的大规模出现也许是不可能的。画法几何是建筑制图成为现实的根源。

1799 年法国学者蒙日出版《画法几何》一书，提出用多面正投影图表达空间形体，为画法几何奠定了理论基础。此后各国学者又在投影变换、轴测图以及其他方面不断提出新的理论和方法，使这门学科日趋完善。

【情境小结】

1. 画法几何是按点、线、面、体，由简及繁、由易到难的顺序编排的，前后联系十分紧密。学习时必须真正理解前面的基本内容，熟练掌握基本作图方法后，才能继续学习。

2. 由于画法几何研究的是图示法和图解法，涉及的是空间形体与平面图形之间的对应关系，所以，学习时必须经常注意空间几何关系的分析以及空间几何元素与平面图形的联系。对于每一个概念、每一个原理、每一条规律、每一种方法都要弄清楚它们的意义和空间关系，以便掌握这些基本内容并熟练运用。

3. 复习时不能单纯阅读课本，必须同时用直尺和圆规在纸上进行作图。还可以借助铁丝、硬纸板等物品做一些简单的模型，帮助理解书上所讲的内容和习题。通过例题和习题，才能验证是否真正理解并记住这些作图方法。

4. 解题时，首先要弄清哪些是已知条件，哪些是需要求作的。然后利用已学过的内容进行空间分析，研究怎样从已知条件获得所要求的结果，要通过哪些步骤才能达到最后的结果。初学时可以把这些步骤记录下来。最后利用基本作图方法按照所确定的解题步骤作图，作图时力求准确。完成后还应做一次全面的检查，看作图过程有没有错误，作图是否精确等。

学习情境 3 基本体的投影

【情境引入】

如图 3-1 所示，土木工程中的建筑物及其构配件，如果从几何构造的角度来分析，它们总可以看作是由一些简单的几何体组合而成。仔细观察，都有哪些几何形体呢？

【案例导航】

不难看出，组成该建筑的几何形体有：棱柱、棱锥、圆柱，这些几何形体称为基本几何体，简称基本体。

基本几何体是建筑的基本元素，是从学习点、线、面的投影作图到学习组合体投影作图的过渡，相对于较为抽象的点、线、面的投影来说，基本体

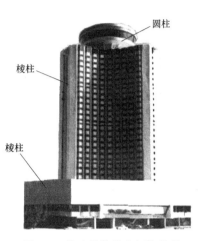

图 3-1　某建筑物的几何体组成

的投影则较为具体化。因此在学习基本体的作图过程中要注意掌握点、线、面的投影在立体的投影上的具体应用。

学习单元 1 三维形体的构造方法

【学习目标】

（1）了解基本体的分类。

（2）了解基本体的特征。

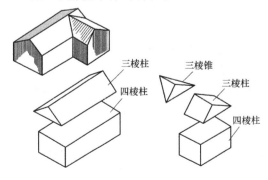

图 3-2　房屋形体的分析

基本体有平面体和曲面体。

由平面围成的基本几何体称为平面体。工程中常见的平面体主要有棱柱、棱锥和棱锥台（简称棱台），如图 3-2 所示的房屋形体，就是由四棱锥、三棱柱和三棱锥等平面体组成。

由曲面围成或由曲面和平面围成的立体成为曲面体，如图 3-3 所示，水塔的形体由圆锥、圆柱、圆台等曲面体组成。

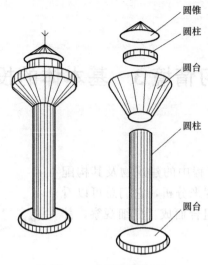

图 3-3　水塔形体分析

学习单元 2　平面立体及其表面点、线的投影

【学习目标】

(1) 掌握平面立体的投影特性及画法。

(2) 掌握平面立体表面点、线的投影，并判断可见性。

平面立体的每个表面是平面多边形，各表面的交线为直线段。直线段的端点是立体的顶点，所以描绘平面立体的投影可归结为描绘其表面的交线、顶点的投影。

本单元介绍棱柱、棱锥的投影及表面取点、取线的方法。

1. 棱柱

棱柱由两个相互平行的底面和若干个侧棱面围成，相邻两侧棱面的交线称为侧棱线，简称棱线。棱柱的棱线相互平行。

(1) 棱柱的投影和尺寸标注

1) 投影图的作法

如图 3-4 所示为一个正五棱柱的三面投影。

该五棱柱的上、下底面平行于 H 面，为水平面；后棱面平行于 V 面，是正平面；其余的四个棱面是铅垂面；正五棱柱的五条棱线为铅垂线。

五棱柱的水平投影是一个正五边形，它既是上底的投影，也是下底的投影，同时反映上、下底面的实形。五边形的五条边是垂直于底面的五个棱面的具有积聚性的投影。

五棱柱的正面投影中，五棱柱的上下底面积聚为上、下两条水平直线段，其他面变成矩形；五棱柱的侧面投影中，五棱柱的上、下底面的投影也是两条水平直线段，其他面变成矩形。

由以上分析，直棱柱投影特性如下：

直棱柱在与底面平行的投影面上的投影反映底面实形（多边形），直棱柱的另两个投

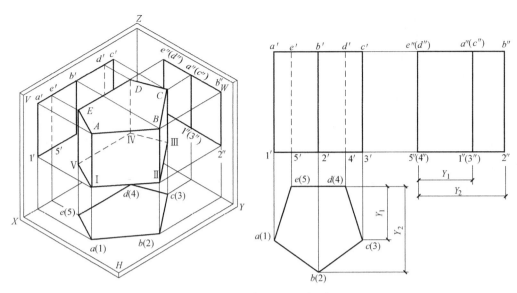

图 3-4　五棱柱的三面投影

影均为矩形的组合。

　　应该注意的是，在平面立体的三个投影中，立体上每一个表面、每一条边、每一个顶点都应得到反映。

　　2）尺寸标注。图 3-5 标注了正六棱柱的长、宽、高三个尺寸。如果在水平投影中标注出正六边形的外接圆直径，则可代替长和宽的尺寸。

　　（2）棱柱表面上点的投影

　　根据平面体表面上点的一个已知投影，求作点的其余两个投影，可进一步熟悉和掌握平面体的投影图作法，在以后解决平面体的截切、相贯等问题时会经常用到。

　　图 3-6 为已知的三棱柱 *ABC* 及棱面上点 *M* 和 *N* 的正面投影 *m′* 和 *n′*，求作点 *M* 和 *N* 的其余两投影。

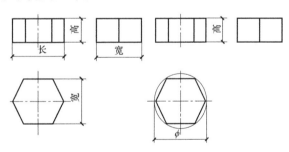

图 3-5　直棱柱的尺寸标注

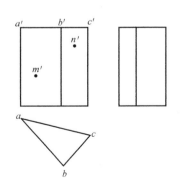

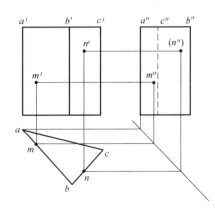

图 3-6　在棱柱表面上取点

M 和 N 点在什么位置面上呢?

首先作出三棱柱的侧面投影,其中棱线 C 的侧面投影 c'' 为不可见,画成虚线。求 M 点的投影。M 点在铅垂面内,可利用积聚性投影求 m。N 点在铅垂面内,可利用积聚性投影求 n。

(3) 作棱柱表面上线的投影

根据平面体表面上线段的一个已知投影,求作线段的其余两投影。

对于这个问题,只要求得线段上已知点的其余两投影便可作线段的相应投影。

如图 3-7 所示,已知坡屋面的三面投影,又知坡屋面上封闭折线 $ABDFEC$ 的水平投影 $abdfec$,求折线的其余两投影。

坡屋顶的侧面投影具有积聚性,可先求各点的侧面投影。

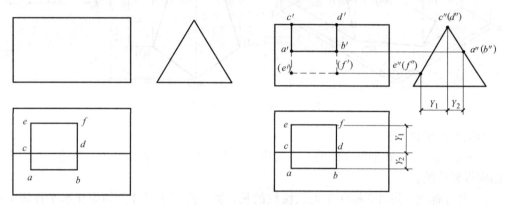

图 3-7　在棱柱表面上取线

2. 棱锥

(1) 棱锥的投影和尺寸标注

1) 投影图的作法

如图 3-8 所示,画棱锥的投影图时,一般是先画底面的投影,然后再画出各棱线的投影,并判断可见性。

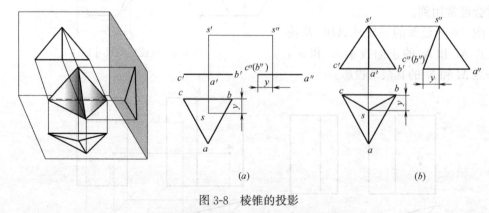

图 3-8　棱锥的投影
(a) 先画底面的投影;(b) 画出各棱线的投影

棱锥投影特性为:棱锥在底面所平行的投影面上的投影为底面的实形(多边形),且多边形内部有若干条交于一点的直线段(即各棱线的投影);棱锥的其余两个投影均为三角形的组合。

2）尺寸标注

图3-9中标注出三棱锥的长、宽、高三个方向尺寸，其中锥顶 S 在长度（X 轴）方向的对称轴上，故只需 Y 和 H 两个尺寸便可确定锥顶 S 的位置。

（2）棱锥表面上点和线的投影

在平面立体表面上确定点和线的作图方法与在平面内确定点和直线的作图方法相同；但是平面立体是由若干个表面围成的，所以在确定平面体上点和直线时，首先要分析点和直线位于立体的哪个表面上，然后作图。如果点和直线所在表面的投影可见，则点和直线的该投影也可见。

如图3-10所示，根据棱锥表面上点 M、N 的一个已知投影，求作点的其余两个投影。M 点在哪个面上呢？

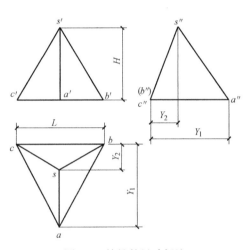

图3-9　棱锥的尺寸标注

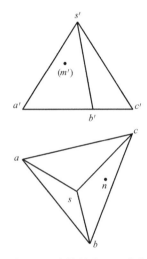

图3-10　在棱锥表面上取点

1）过锥顶法

过锥顶和已知点在相应的棱面上作辅助直线，根据点在直线上，点的投影也必在直线的同面投影上的原理，可求得点的其余投影，如图3-11所示。

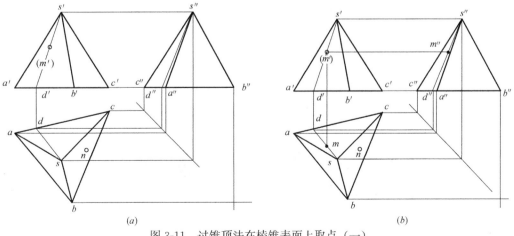

（a）　　　　　　　　　　　　　　　（b）

图3-11　过锥顶法在棱锥表面上取点（一）

（a）作辅助线 SD；（b）作 M 点的投影

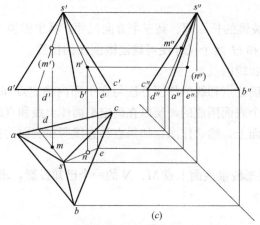

图 3-11　过锥顶法在棱锥表面上取点（二）

(c) 作 N 点的投影

① 在表面上作辅助线 SD。

② 线上取点。

③ 同法求 N 点。

2）平行底面法

过已知点在相应的棱面上作辅助直线平行于锥底上相应的边，根据点在直线上，点的投影也必在直线的相应投影上的原理，可求得点的其余投影，如图 3-12 所示。

在平面立体表面上取直线段时，应先确定直线段位于立体的哪一个表面上，然后运用在立体表面取点的作图方法，分别作出直线段端点的投影，最后同面投影连线，并判别可见性。

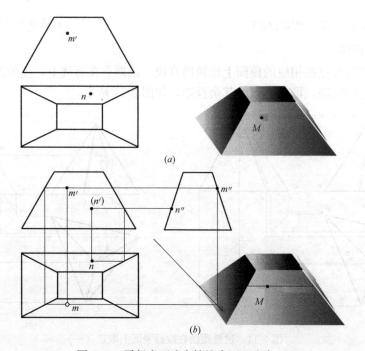

图 3-12　平行底面法在棱锥表面上取点

学习单元 3　曲面立体及其表面点、线的投影

【学习目标】

(1) 掌握曲面立体的投影特性及画法。

(2) 掌握曲面立体表面点、线的投影，并能判断可见性。

曲面立体是由曲面或由曲面和平面围成的立体。在投影图上，只要作出围成曲面体表面的所有曲面和平面的投影，便可得到曲面体的投影。

1. 圆柱体

圆柱面是由两条相互平行的直线，其中一条直线（称为直母线）绕另一条直线（称为轴线）旋转一周而形成。圆柱体（简称圆柱）由两个相互平行的底平面（圆）和圆柱面围成。属于圆柱面且与柱轴平行的直线，称为柱面上的素线，素线相互平行，如图 3-13 所示。

(1) 圆柱的投影和尺寸标注

图 3-14 中圆柱轴线垂直于水平投影面，圆柱侧平面（圆柱面）的水平投影积聚为圆，这个圆也是圆柱上、下底面（水平面）的投影，反映底面（圆）的实形。

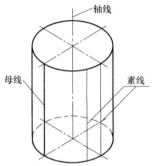

图 3-13　圆柱面的形成

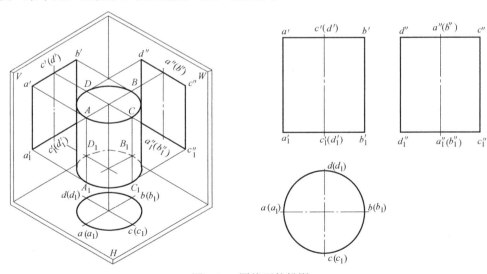

图 3-14　圆柱面的投影

圆柱的正面投影和侧面投影为矩形。矩形的上、下两条水平线为圆柱上、下底面的投影；矩形左、右两边的垂直线为圆柱的外形轮廓线投影。

同理作 W 面的投影面。

图 3-15 表示圆柱中间被穿了一个孔洞，该孔洞也是圆柱，正面投影的两条虚线是圆柱内表面（孔洞）的投影。圆柱的尺寸，只需标注柱的高度和底圆的直径。

（2）圆柱表面上点和线的投影

如图 3-16 所示，已知圆柱轴线为侧垂线，圆柱面上的曲线 *ABC* 的正面投影，作 *ABC* 的其余两个投影。

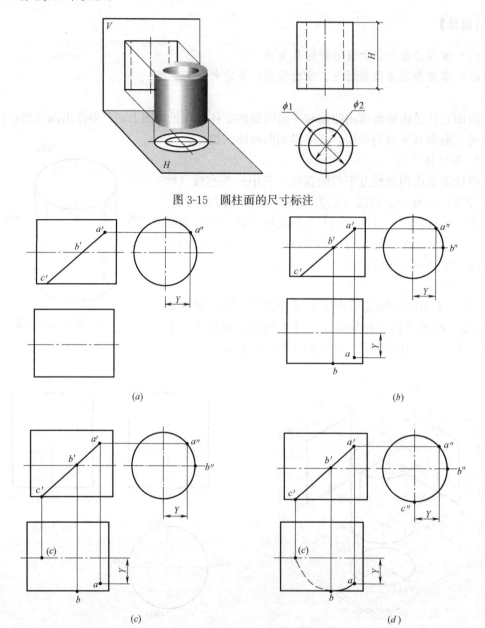

图 3-15　圆柱面的尺寸标注

图 3-16　圆柱表面上点和线的投影

（*a*）作 *A* 点的其余投影；（*b*）作 *B* 点的其余投影；（*c*）作 *C* 点的其余投影；（*d*）光滑连接（注意可见性）

2. 圆锥体

圆锥面是由两条相交的直线，其中一条直线（称为直母线）绕另一条直线（称为轴线）旋转一周而形成，交点称为锥顶。圆锥体（简称圆锥）由圆锥面和一个底平面（圆）围成。底圆心与锥顶的连线称为锥轴。圆锥面上交于锥顶的直线，称为锥面上的素线，如图 3-17 所示。

（1）圆锥的投影和尺寸标注

图 3-18 中已知锥轴垂直于水平投影面，锥底的水平投影为圆，正面和侧面投影积聚为水平线。圆锥面的三个投影都没有积聚性，锥面的水平投影为圆，锥顶的水平投影与底圆的圆心重合；锥面的正面和侧面投影为三角形，两条斜边为锥面的外形线。

图 3-17　圆锥面的形成

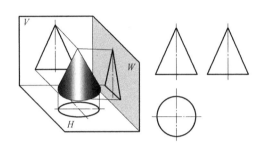

图 3-18　圆锥面的投影

圆锥的尺寸，只需标注锥的高度和底圆直径，如图 3-19 所示。

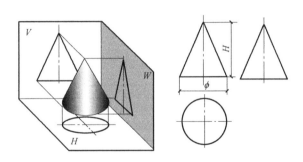

图 3-19　圆锥的尺寸标注

（2）圆锥面上点的投影

1）素线法

如图 3-20 所示，已知圆锥面上 M 点的正面投影 m'，求 m、m''。

首先应先思考 M 点在锥面上的什么位置？（M 点在前半个圆锥面）

过 M 点作素线 SA，利用 Y 坐标作 a''，在辅助线 SM 上取 M 点。

2）纬圆法

如图 3-21 所示，已知圆锥面上 M 点的正面投影 m'，求 m、m''。

（3）圆锥面上线的投影

如图 3-22 所示，已知圆台表面上的线 ABC 的正面投影 $a'b'c'$，利用纬圆法求其他两面投影。

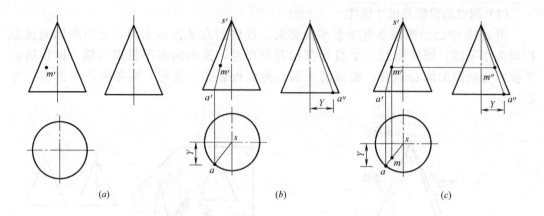

图 3-20　素线法作圆锥表面上点的投影

（*a*）已知条件；（*b*）作辅助线 *SA*；（*c*）作 *M* 点的其余投影

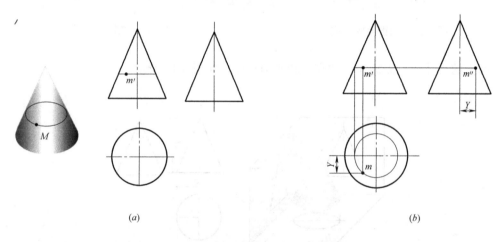

图 3-21　纬圆法作圆锥表面上点的投影

（*a*）已知条件；（*b*）利用纬圆求 *M* 点的投影

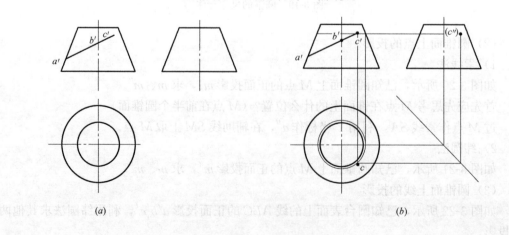

图 3-22　圆锥表面上线的投影（一）

（*a*）利用纬圆法；（*b*）求 *C* 点的投影；

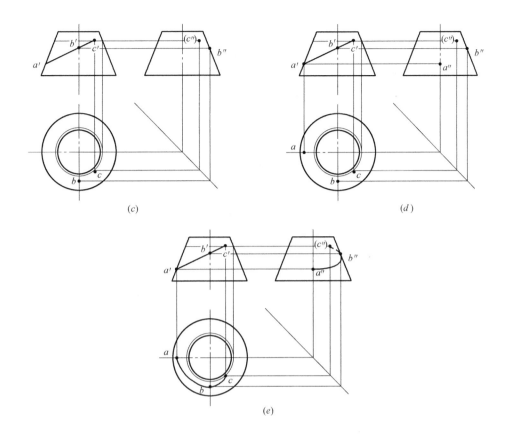

图 3-22　圆锥表面上线的投影（二）

(c) 求 B 点的投影；(d) 求 A 点的投影；

(e) 连接 ABC 的投影

3. 圆球体

圆球面是由圆（曲母线）绕它的直径（轴线）旋转而形成。圆球体由自身封闭的圆球面围成，如图 3-23 所示。

（1）球的投影和尺寸标注

如图 3-24 所示，球的三个投影都是直径相同的圆。

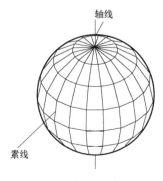

图 3-23　圆球面的形成

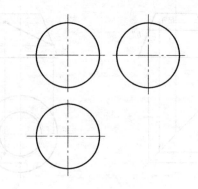

图 3-24　圆球面的投影

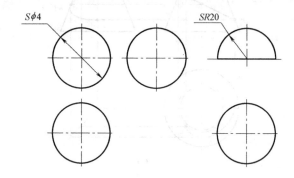

图 3-25　圆球面的尺寸标注

正面投影的圆是球面前、后两部分的分界线，它的水平投影和侧面投影都与中心线重合。侧面投影的圆是球面左、右两部分的分界线，它的水平投影和正面投影都与中心线重合。球面的尺寸，只需标注球的直径，但应在直径符号 ϕ 之前加注"S"，如图 3-25 所示。

（2）球面上点和线的投影

在球面上作点只能使用纬圆法，如图 3-26 所示。

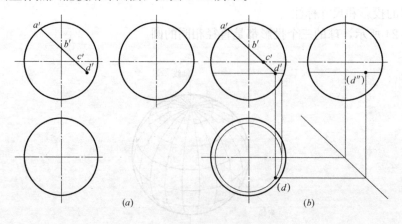

图 3-26　球面上点和线的投影（一）

(a) 利用纬圆法；(b) 求 D 点的投影

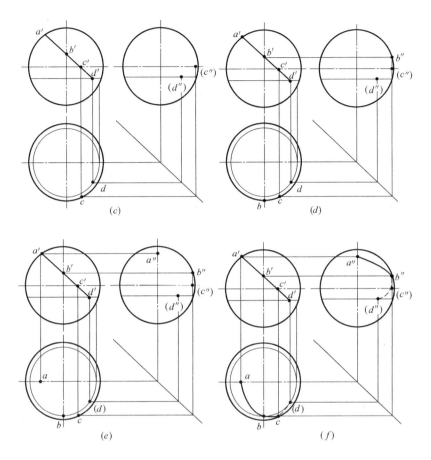

图 3-26 球面上点和线的投影（二）

（c）求 C 点的投影；（d）求 B 点的投影；（e）求 A 点的投影；（f）连接 ABCD 的投影

学习单元 4 平面截切平面立体的投影作法

【学习目标】

（1）掌握平面截切平面立体的投影作法。

（2）掌握平面截切曲面立体的投影作法。

实际上的建筑形体往往不是完整的基本立体，而是经截切的基本形体，如图 3-27 所示。

平面与立体相交，必然在立体表面上产生交线。平面与立体表面的交线称为截交线。平面与立体相交的平面称为截平面。

截交线具有以下基本性质：

（1）封闭性：立体由若干个表面围成，所以平面与立体表面的交线是封闭的平面图形。

（2）共有性：截交线是截平面与平面立体表面的共有线，是截平面与立体表面的共有

截交线

相贯线

图 3-27　建筑形体

点的集合。

　　求截交线就是求截平面与立体表面一系列点的投影，并顺次连线。

　　1. 平面截切平面立体的投影

　　平面与平面立体相交，其截交线是封闭的多边形。多边形的每一边是截平面与平面立体的某一表面的交线。多边形的顶点是截平面与平面立体的棱线或底边的交点。

　　因此，求平面与平面立体的截交线是平面与平面、平面与直线相交的综合运用。求平面与平面立体的截交线的一般步骤为：

　　（1）分析截平面的位置

　　通常可以把截平面放置成为（或利用投影变换转换成为）特殊位置的平面，使得截平面的投影有积聚性，以利于解决问题。当截平面处于特殊位置时，截平面的具有积聚性的投影必与截交线在该投影面上的投影重合。这时，截交线的一个投影为已知，利用这个已知的投影便可以作出截交线的其他投影。

　　（2）分析截交线的形状

　　根据截平面与立体的相对位置分析截平面与立体的几个表面相交，进而确定截交线的边数，也可以根据截平面与立体相交的棱、边总数来判断截平面是几边形。

　　（3）投影作图

　　利用平面与平面、平面与直线相交的作图方法分别作出截交线上每条边和每个顶点的投影。

　　如图 3-28 所示，已知被正垂面截切的正六棱柱的正面投影和水平投影，补全其三面投影。（怎样连接各顶点和判断可见性呢？）

　　2. 平面截切曲面立体的投影

　　（1）平面和曲面立体表面相交，所产生的截交线通常有以下几种情况：

　　① 由平面曲线围成的封闭图形。

　　② 由平面曲线和直线段围成的封闭图形。

　　③ 由直线段围成的封闭多边形。

　　曲面立体截交线的具体形状取决于立体表面的形状和截平面与立体的相对位置。截交线是曲面立体表面和截平面的共有点的集合。求曲面立体的截交线时，需先作出截交线上直线段的端点和曲线上一系列点的投影，然后正确连接各点，便得出截

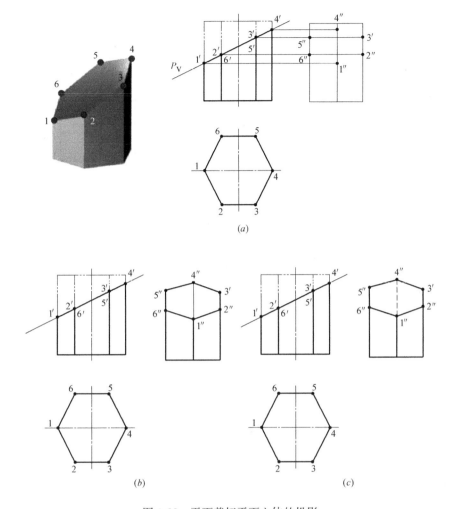

图 3-28　平面截切平面立体的投影

交线的投影。

　　为了较准确的得到曲线的投影，一般要作出曲线上特殊点的投影，如最高点、最低点、最前点、最后点、最左点、最右点、可见与不可见的分界点以及截交线本身固有的特殊点（如椭圆的长、短轴的端点、抛物线顶点）等。

　　（2）平面与圆柱面相交所得的截交线形状有以下 3 种：

　　① 当截平面通过圆柱面的轴线或平行于轴线时，截交线为两条素线。

　　② 当截平面垂直于圆柱面的轴线时，截交线为圆。

　　③ 当截平面倾斜于圆柱面的轴线时，截交线为椭圆。

　　如图 3-29 所示，求圆柱截交线的投影。

　　（3）平面与圆锥面相交所得截交线的形状有以下 5 种：

　　① 当截平面垂直于轴线时，截交线为一圆。

　　② 当截平面通过锥顶时，截交线为两条素线。

　　③ 当截平面与轴线的夹角大于母线与轴线夹角时，截交线为一椭圆。

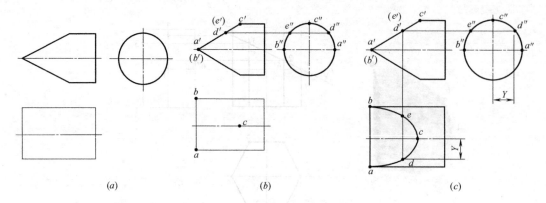

图 3-29　求圆柱截交线的投影

(a) 已知条件；(b) 求 A、B、C 点的投影；(c) 求 D、E 点的投影，并连线

④ 当截平面平行于一条素线时，截交线为抛物线。

⑤ 当截平面与轴线的夹角小于母线与轴线夹角或平行于轴线时，截交线为双曲线。

如图 3-30 所示，求作正垂面与圆锥的截交线（求转向点与截平面的交点）。

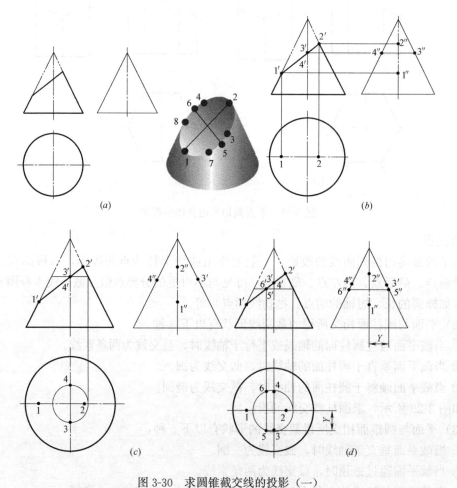

图 3-30　求圆锥截交线的投影（一）

(a) 已知条件；(b) 求 1、2 点的投影；(c) 求 3、4 点的投影；(d) 求 5、6 点的投影；

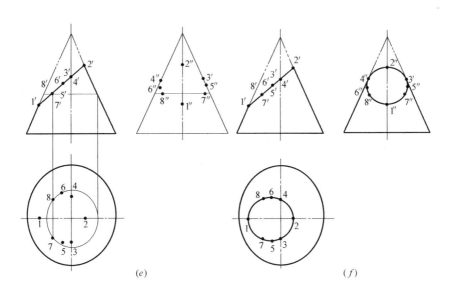

图 3-30　求圆锥截交线的投影（二）

（e）求 7、8 点的投影；（f）连接各点

【知识拓展】

两个立体相交

当两个立体相交时，在它们的表面上产生交线，该交线称为相贯线，如图 3-31 所示。相交的立体称为相贯体。

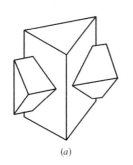
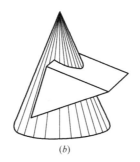
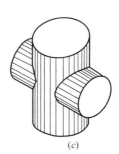

图 3-31　两个立体相交

（a）两平面立体全贯；（b）平面立体和曲面立体互贯；（c）两曲面立体全贯

当一个立体全部贯穿另一个立体时，这样的相贯称为全贯，如图 3-31（a）所示，全贯的相贯线有两组；当两个立体互相贯穿时，则称为互贯，如图 3-31（b）所示，互贯的立体有一组相贯线。

由图 3-31 可以看出两个立体的相贯线有以下两个基本性质：

1. 封闭性

因为两立体都是由若干表面围成的，所以在一般情况下相贯线是封闭的。但当两个立体具有公共的表面时，它们的相贯线不封闭，如图 3-32 所示是圆锥体和圆柱体相交，它们的底面在同一平面上，相贯线是不封闭的。

2. 共有性

相贯线是两立体表面的共有线，相贯线上的点是两立体表面上共有点的集合，因此可以根据这个特性来求相贯线。

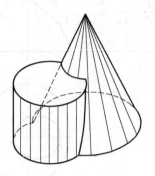

图 3-32　相贯线不封闭

【情境小结】

1. 三维形体的构造方法

由平面围成的基本几何体称为平面立体。

由曲面围成或曲面和平面围成的立体成为曲面立体。

2. 平面立体及其表面点、线的投影

平面立体的每个表面是平面多边形，各表面的交线为直线段。直线段的端点是立体的顶点，所以描绘平面立体的投影可归结为描绘其表面的交线、顶点的投影。

3. 曲面立体及其表面点、线的投影

由曲面围成或由曲面和平面围成的立体称为曲面体，只要作出围成曲面体表面的所有曲面和平面的投影，便可得到曲面体的投影。

4. 平面截切平面立体、曲面立体的投影作法

平面与立体相交，必然在立体表面上产生交线。平面与立体表面的交线称为截交线。与立体相交的平面称为截平面。

学习情境 4 轴　测　图

【情境引入】

图 4-1 是某形体的正投影图和轴测图，比较一下两种投影图的特点，各有什么优缺点？

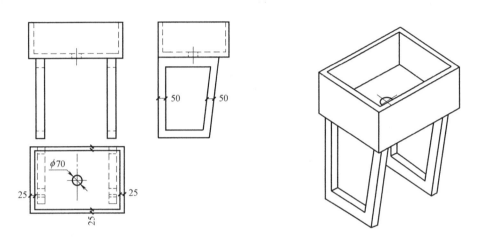

图 4-1　形体的正投影图和轴测图

【案例导航】

轴测图如同正投影图一样，也是根据平行投影的原理绘制的。它与正投影图相比，最大的优点是立体感强，直观性好。在实际工作中，它有助于设计人员进行构思，在教学过程中，可以帮助我们想象物体形状，发展空间思维能力。

(1) 正投影图：正投影图中的任何一个投影只能表示两个向度，缺乏立体感，不易看懂，但容易绘制，度量性好。

(2) 轴测图：在一个投影图上同时反映了物体长、宽、高三个向度，富有立体感，容易看懂，但作图比较复杂，度量性差，一般不独立使用，是一种辅助图样。在设计中以便研究讨论或用来说明一种产品的结构和使用方法。掌握轴测图画法，对于读图，培养空间想象力有帮助。

要掌握轴测图，需要掌握的相关知识有：

(1) 轴测图的基本知识。

(2) 正等轴测图的画法。

(3) 斜二轴测图的画法。

学习单元1 轴测图的基本知识

【学习目标】

(1) 了解轴测图的形成。

(2) 掌握轴测投影相关术语和轴测投影特性。

工程实践中常用两个或两个以上的正投影图表示物体的外形和大小，因为正投影图度量性好、绘图简便。但由于每个正投影图只能反映物体两个方向的尺度，在识读工程图样时必须将两个或两个以上的正投影图联系起来识读，想象物体的空间形状，这样的读图直观性差、识读较困难。为了便于读图，工程图样中常在识读难度较大的正投影图的旁边，画出富有立体感的对应轴测图，作为辅助图样，配合对物体进行识读。

1. 轴测图的形成

将物体连同确定物体位置的直角坐标系，沿不平行于任一坐标面的方向 S，用平行投影法将其投射在单一投影面 P 上所得到的具有立体感的图形，称为轴测图（图 4-2）。

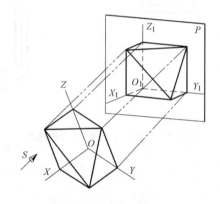

图 4-2　轴测投影图的形成

P 平面称为轴测投影面。轴测投影是单面投影。"轴测"是沿轴向测量的意思。投影方向 S 与三个坐标轴方向均不平行，与这三个坐标面的方向也不平行。前面学习的有关平行投影的特性对轴测图仍然适用。

2. 轴测投影术语

(1) 轴测轴：O_1X_1、O_1Y_1、O_1Z_1 分别为直角坐标轴 OX、OY、OZ 的轴测投影，称为轴测轴。

(2) 轴间角：两根轴测轴之间的夹角称为轴间角，分别为 $\angle X_1O_1Y_1$、$\angle X_1O_1Z_1$、$\angle Y_1O_1Z_1$。

(3) 轴向伸缩系数：轴测轴上的单位长度与相应坐标轴上单位长度的比值称为轴向伸缩系数，OX、OY、OZ 三个轴的轴向伸缩系数分别用 p、q、r 表示，$p=O_1X_1/OX$，$q=O_1Y_1/OY$，$r=O_1Z_1/OZ$。

在正投影图里，因为投影方向 $S\perp P$，所以投影长度总是小于或者等于空间线段的长度。但在轴测图里，投影方向不一定垂直于轴测投影面，所以，投影长度可以大于、等于、小于空间线段的长度，也就是说 p、q、r 可以大于、等于、小于 1（但在实际中往往取小于等于 1）。

3. 轴测投影的特性

（1）平行性

空间平行的直线，其轴测投影仍互相平行。物体上与坐标轴平行的线段，其轴测投影仍平行于相应的轴测轴。

（2）等比性

物体上平行于坐标轴的线段，其轴测投影长与原线段实长之比等于相应的轴向伸缩系数。

不同的轴测投影具有不同的轴向伸缩系数和轴间角，只要知道各轴向伸缩系数和轴间角，便可以根据物体的正投影图画出其轴测投影。

学习单元 2　正等轴测图的画法

【学习目标】

（1）了解正等轴测图的形式。

（2）掌握正等轴测图的画法。

正等轴测图简称正等测图，是运用平行投影的原理，将物体连同三个坐标轴一起投影到一个新的投影面上所得到的单面投影图。它接近人们视觉习惯，立体感强，容易看懂。

1. 正等测的轴间角和轴向伸缩系数

当投影方向 S 与轴测投影面 P 垂直，且形体的三个坐标轴与轴测投影面的倾角（约为 35°）均相等时，所形成的轴测图即为正等轴测图，简称"正等测"。

正等轴测图的轴间角均为 120°，轴向伸缩系数 $p=q=r=0.82$，如图 4-3（a）所示。

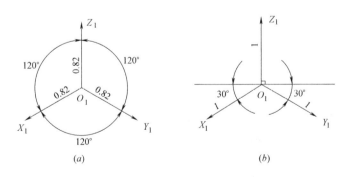

图 4-3　正等测的轴间角与轴向伸缩系数

（a）轴间角与轴向伸缩系数；（b）轴测轴画法

为了简化作图，正等轴测图采用简化轴向伸缩系数 $p=q=r=1$，如图 4-3（b）所示。用简化系数 1 画出的正等轴测图比实际轴向伸缩系数 0.82 画出的正等轴测图放大 1.22 倍，但不影响图形效果。

2. 平面立体正等轴测图的画法

（1）坐标法

坐标法就是根据点的空间坐标画出其轴测投影，然后连接各点完成形体的轴测图。它主要用于绘制那些由顶点连线而成的简单平面立体或由一系列点的轨迹光滑连接而成的平面曲线或空间曲线。

【例 4-1】 如图 4-4（a）所示，根据形体两面正投影图，绘制其正等轴测图。

作图：

1）先在正投影图上定出原点和坐标轴的位置，如图 4-4（a）所示。

2）画轴测轴，如图 4-4（b）所示。

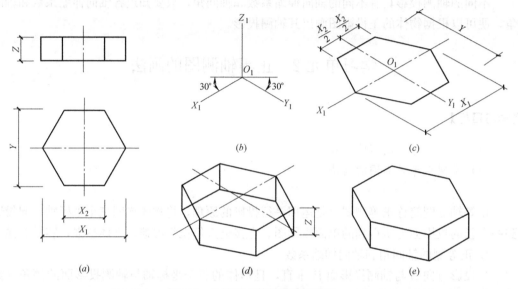

图 4-4　六棱柱正等轴测图的画法

3）按简化伸缩系数分别作出六个角点的水平面投影，即为其轴测投影，连接各点成六边形，如图 4-4（c）所示。

4）通过以上六点向上拉伸立体，形成六棱柱的正等轴测图，如图 4-4（d）所示。

5）加深图线，完成作图，如图 4-4（e）所示。

（2）切割法

由于有些形体是由基本几何形体切割而成，这类形体轴测图也可按其形成过程绘制，即先画出整体，然后再依次去掉被切除部分，从而完成形体的轴测图。

【例 4-2】 如图 4-5（a）所示，根据带切口立体的正投影图，绘制其正等轴测图。

作图：

1）画出基本体的正等轴测图，如图 4-5（c）所示。

2）按尺寸切去位于立体前半部分的三棱柱，如图 4-5（d）所示。

3）按尺寸切去中间槽口，如图 4-5（e）所示。

4）擦去作图线，判别可见性并加粗轮廓线，完成全图，如图 4-5（f）所示。

（3）端面法

这种方法是根据物体的结构特征，首先作出物体平行于其坐标面的端面的轴测图，然

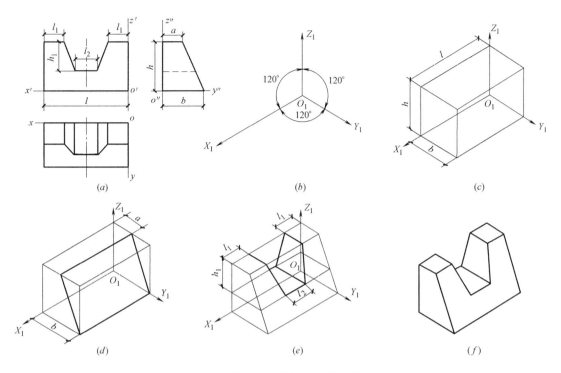

图 4-5　带切口四棱柱的正等轴测图

后画出平行于另一轴测轴方向的线段，如图 4-6 所示。

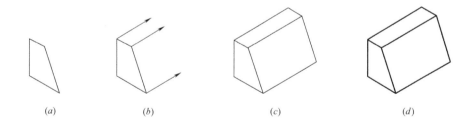

图 4-6　端面法绘制平面立体的正等轴测图

（4）叠加法

由于有些形体是由基本几何形体叠加而成，因此，这类形体轴测图的绘制可将其分为几个部分，然后按叠加方式逐个画出各个部分的轴测图，从而得到整个物体的轴测图。需要注意的是：画图时一定要正确确定各个部分的相对位置关系。

【例 4-3】　如图 4-7（a）所示，根据形体的正投影图，绘制其正等轴测图。

作图：

1）对物体进行形体分析，根据物体的结构特点，为了便于作图，在正投影图上定出坐标原点和坐标轴，如图 4-7（a）所示。

2）按正等轴测图对轴间角的规定，绘制轴测图上坐标原点和轴测轴的投影，如图4-7（b）所示。

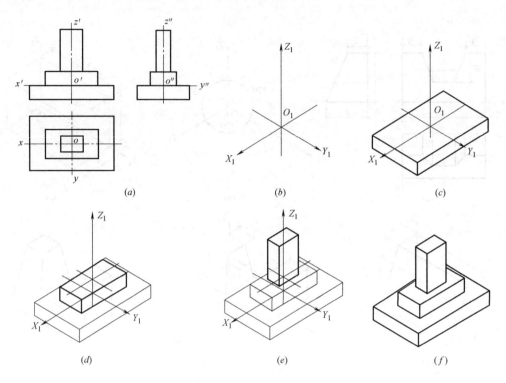

图 4-7　叠加法绘制平面立体的正等轴测图

3）根据其特点，采用叠加法逐步画出物体轴测图，如图 4-7（c）～（f）所示。

学习单元 3　斜二轴测图的画法

【学习目标】

（1）了解斜二轴测图的形成。

（2）掌握斜二轴测图的画法。

斜二轴测图简称斜二测图。它与正等测图一样，都是运用平行投影的原理，将物体投影到新的单一投影面上所得到的单面投影图。所不同的是，在绘制投影图过程中，它与正等测图的轴间角和轴向伸缩系数不同。

1. 斜二轴测图的形成、轴间角和轴向伸缩系数

用倾斜于轴测投影面的光线投射物体所得到的图形称为斜轴测图。如果使 $X_1O_1Z_1$ 坐标面平行于轴测投影面，当所选择的斜投射方向使 OY 轴和 OX 轴的夹角为 135°，并使 OY 轴的轴向伸缩系数为 0.5，这种轴测图就称为斜二轴测图，简称斜二测，如图 4-8（a）所示。

斜二轴测图的轴测轴、轴间角和轴向伸缩系数等参数及画法，如图 4-8（b）所示，在斜二轴测图中，$O_1X_1 \perp O_1Z_1$ 轴，O_1Y_1 与 O_1X_1、O_1Z_1 的夹角均为 135°，三个轴向伸缩系数分别为 $p=r=1$，$q=0.5$。

2. 斜二轴测图的画法

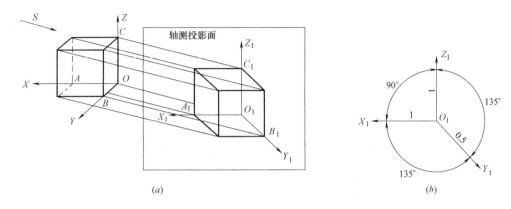

(a)   (b)

图 4-8 斜二轴测图

（a）斜二轴测图的形成；（b）斜二轴测图的轴间角和轴向伸缩系数

【例 4-4】 画出如图 4-9（a）所示挡土墙的斜二轴测图。

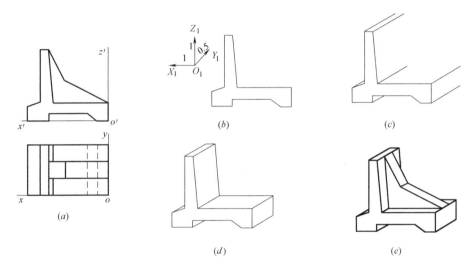

图 4-9 斜二轴测图的画法

作图：

（1）在正投影图中选形体前端面的右下角为直角坐标原点，如图 4-9（a）所示。

（2）画轴测轴，并画出形体前端面形状，如图 4-9（b）所示。

（3）形体前端面沿 Y 轴方向延伸，如图 4-9（c）所示。

（4）取 $q=0.5$，完成形体前端面延伸后的图形，如图 4-9（d）所示。

（5）擦除辅助线及多余线条并加深，如图 4-9（e）所示。

【知识拓展】

带剖切的轴测图

由于轴测图只画看得见的线，对于内部结构无法表达，此时可用假想的平面将形体切开，再作轴测图。

为了在轴测图上能同时表达出立体的内外形状，通常采用两个平行于不同坐标面的相交平面剖切立体，剖切平面一般应通过立体的主要轴线或对称平面，避免采用一个剖切平面将立体全部剖开，如图 4-10 所示。

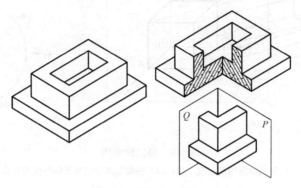

图 4-10　带剖切的轴测图

【情境小结】

本学习情境主要介绍了轴测投影图的形成、特性、投影规律及其投影图的画法，掌握了这些要点后，就能够较熟练地进行轴测投影图绘制。

将物体连同确定物体位置的直角坐标系，沿不平行于任一坐标面的方向，用平行投影法将其投射在单一投影面上所得到的具有立体感的图形，称为轴测图。轴测图的种类比较丰富，常用的有正等轴测图和斜二轴测图。轴测投影图的画图方法有坐标法、切割法、端面法和叠加法，在具体绘制时，要分析形体的形成过程，采用合适的画图方法。

在工程实际制图中，究竟采用哪一种轴测投影图比较合适，要根据具体的立体形状以及不同专业绘图习惯确定。我们选择轴测投影图的目的是为了能够直观形象地表达出研究对象的形状和构造。

学习情境 5　组合体的投影

【情境引入】

图 5-1 是工程中常见的一种挡土墙结构，是由基本形体构成的组合体。在工程实例中，我们可以看到各种各样的组合体。

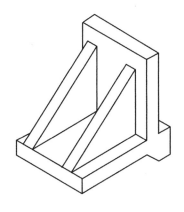

图 5-1　挡土墙立体图

【案例导航】

以前我们学过了基本形体，为组合体的分析打下了基础。如图 5-1 所示的挡土墙，可以把它理解成是由几个三棱柱和四棱柱叠加而成，这样理解起来比较简单。

学习单元 1　概　　述

【学习目标】

(1) 理解组合体的组合方式，学会分析组合体的组成。

(2) 正确表达组合体表面的平齐、相交和相切的位置关系。

(3) 初步了解组合体三面投影图。

组合体的形成方式一般分为叠加式、切割式和综合式三种，组合体的表面连接方式分成平齐、相切和相交三种，组合体一般需采用三视图来正确表达。

1. 组合体的组合方式

由基本形体按一定方式组合而成的形体，称为组合体。组合体的形成方式一般分为叠加式、切割式和综合式三种，如图 5-2 所示。

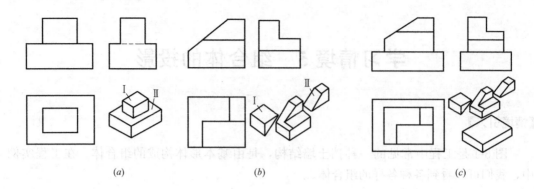

图 5-2　三种形式的组合体
(a) 叠加式组合体；(b) 切割式组合体；(c) 综合式组合体

2. 组合体的表面连接方式

组合体中的基本形体之间的表面连接形式有平齐、相切、相交三种关系。

(1) 平齐

当形体的两表面间平齐（即共面）时，其连接处不存在分界线；当形体的两表面间不平齐（即不共面）时，其连接处存在分界线。如图 5-3 (a) 所示为平齐，图 5-3 (b) 为不平齐。

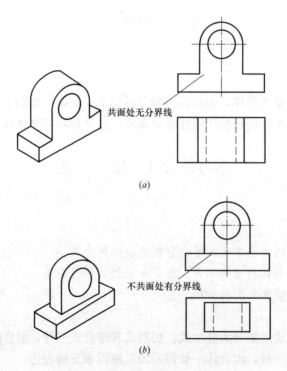

共面处无分界线

不共面处有分界线

(a)

(b)

图 5-3　两立体表面平齐和不平齐
(a) 平齐；(b) 不平齐

（2）相交

两立体的表面彼此相交，在相交处有交线（截交线或相贯线），它是两个表面的分界线，画图时，必须正确画出交线的投影，如图 5-4（*a*）所示。

（3）相切

只有当立体的平面与另一立体的曲面连接时，才存在相切的问题。因为在相切处两表面光滑过渡，不存在分界线，所以相切处不画线，如图 5-4（*b*）、（*c*）所示。

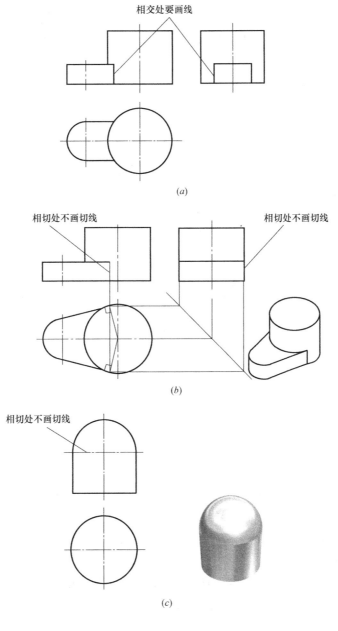

相交处要画线

（*a*）

相切处不画切线　　　　　　相切处不画切线

（*b*）

相切处不画切线

（*c*）

图 5-4　两立体表面相交和相切
（*a*）相交；（*b*）、（*c*）相切

3. 组合体的三视图

(1) 三视图

在《房屋建筑制图统一标准》GB/T 50001—2017 中，将物体向投影面投影所得到的图形称为视图。因此，物体在三投影面体系中的三面投影通常被称为三视图。其水平（H面）投影称为平面图，正面（V面）投影称为正立面图，侧面（W面）投影称为左侧立面图。

(2) 三视图的位置

以正立面图为基准，平面图在正立面图的下方，左侧立面图在正立面图的右方，在画图结束以后，各视图间的投影轴和投影连线一并隐去，如图 5-5 所示。

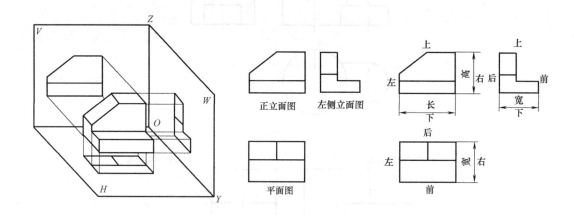

图 5-5　组合体三视图的形成和位置

学习单元 2　组合体三视图的画法

【学习目标】

(1) 能正确进行组合体分析，根据组合体尺寸确定绘图比例和图纸规格。

(2) 能合理确定绘图基准位置线，按照视图方向正确绘制组合体的三视图。

形体分析法和线面分析法是画图的两种方法，通常首先使用形体分析法作图，对某些投影不够清楚的部位再运用线面分析法来进行分析。

1. 组合体画图的方法

(1) 形体分析法

假想将组合体分解为若干基本几何形体，分析这些基本几何形体的形状、大小和相对位置，了解它们之间的组成方式和表面连接关系，从而弄清组合体的整体形状和投影图画法，这种方法称为形体分析法。

(2) 线面分析法

组合体也可以看成是由若干线（直线或曲线）、面（平面或曲面）围合而成，在组合体绘图和读图时，可以通过组合体上线、面的投影特性，分析组合体视图中线段和线框的含义，了解组合体各表面的形状和相互位置关系，从而弄清组合体的整体形状和投影图画法，这种方法称为线面分析法。

2. 绘制组合体视图的步骤

（1）形体分析

如图 5-6 所示某轴承底座可以分解成底板上叠加两个支撑板。

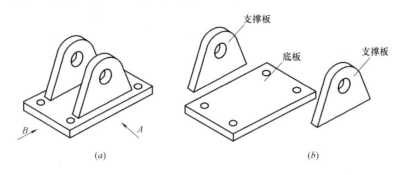

图 5-6　某轴承底座的形体分析法

（2）视图选择

1）正立面图的选择

一般应考虑以下原则：

① 一般按自然位置安放组合体，并选择最能反映组合体的形状特征及各部分相对位置比较明显的方向作为正立面图的投射方向，让组合体对称平面或大的平面平行于投影面，使三面投影尽可能多地反映出组合体表面的实形。

② 应考虑专业图的表达习惯。对房屋建筑图而言，一般是将房屋的正面作为正立面图。

③ 尽量避免视图中出现过多的虚线。

2）视图数量的确定

确定视图数量应配合主视图，在完整、清晰地表达物体形状的条件下，视图数量尽可能少。如图 5-7 所示为轴承座的三个视图的选择方法，尤其应关注正立面图的摆放。

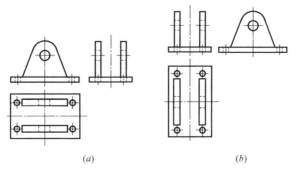

图 5-7　轴承座的三视图选择

（a）好；（b）不好

（3）选择比例和布置视图

应根据物体的大小和复杂程度选定比例，根据各视图每个方向的最大尺寸（包括标注尺寸所占位置）作为各视图的边界，并确定合适的图纸规格。可用计算的方法留出视图间的空档，使视图布置得均匀美观，然后画出各视图的基准线，包括表示对称面的对称线、底面或主端面的轮廓，如图 5-8（*a*）所示。

（4）画视图底图

一般应从主要形体入手，按"先主要后次要、先整体后局部、先特征后其他、先外形后内形"的顺序逐个画出各基本形体的视图，应先从最具有形状特征的视图（如反映实形的视图）开始画，特别注意几个视图配合起来同时画，这样不容易出错，如图 5-8（*b*）、（*c*）所示。

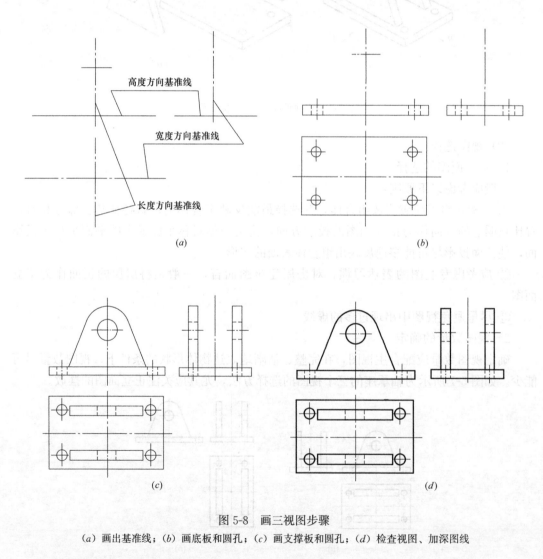

（*a*）　　　　　　　　　　　　（*b*）

（*c*）　　　　　　　　　　　　（*d*）

图 5-8　画三视图步骤

（*a*）画出基准线；（*b*）画底板和圆孔；（*c*）画支撑板和圆孔；（*d*）检查视图、加深图线

（5）检查视图、加深图线

底图完成后，用形体分析法逐个检查各组成部分（基本形体或简单体）的投影以及它

72

们之间的相对位置关系。如无错误，则按规定的线型描深，如图5-8（d）所示。

【例5-1】 如图5-9所示，某建筑台阶的三视图的画图步骤如下：（a）画基准线；（b）画踏板Ⅰ；（c）画踏板Ⅱ；（d）画栏板Ⅲ；（e）检查加深。最终得到如图5-9（e）所示的建筑台阶三视图。

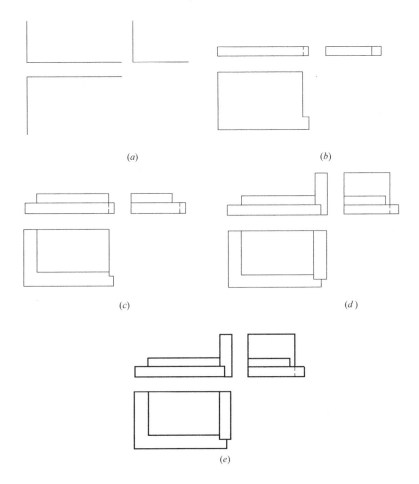

图5-9 台阶三视图的画图步骤

（a）画基准线；（b）画踏板Ⅰ；（c）画踏板Ⅱ；（d）画栏板Ⅲ；（e）检查加深

学习单元3 组合体的尺寸标注

【学习目标】

（1）掌握组合体尺寸分类、尺寸基准和尺寸标注。

（2）能够正确合理地进行组合体的尺寸标注。

组合体的尺寸分为定形尺寸、定位尺寸和总体尺寸。标注尺寸时，应将组合体的长度、宽度和高度三个方向的尺寸完整标注，每个尺寸在某一个视图上标注一次即可。一般将尺寸标注在反映形体特征投影的视图上。

1. 基本形体的尺寸标注

基本形体的尺寸标注如图 5-10 所示。

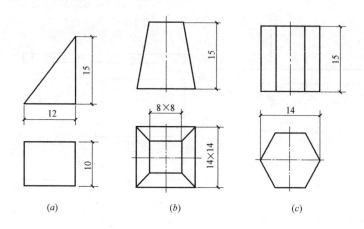

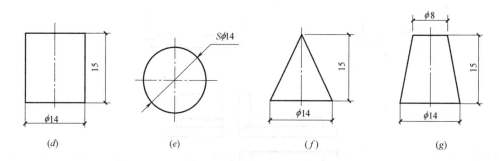

图 5-10　基本形体的尺寸标注

(*a*) 三棱柱；(*b*) 四棱台；(*c*) 正六棱柱；(*d*) 圆柱；(*e*) 圆球；(*f*) 圆锥；(*g*) 圆台

2. 组合体的尺寸分类和尺寸基准

（1）尺寸分类

组合体的尺寸可分为定形尺寸、定位尺寸和总体尺寸。

1）定形尺寸：确定组合体中各基本形体大小的尺寸称为定形尺寸。如图 5-11 所示的轴承座中底板圆弧半径 $R10$、轴承座孔直径 $\phi16$ 为定形尺寸。

2）定位尺寸：确定各基本形体之间相互位置的尺寸称为定位尺寸。如图 5-11 所示轴承座平面图中，28 为底板长方向两孔的定位尺寸，24 为底板宽方向两圆孔的定位尺寸。

3）总体尺寸：确定组合体总长、总宽、总高的尺寸称为总体尺寸。如图 5-11 所示，轴座总长 48 为总体尺寸。

（2）尺寸基准

标注尺寸的起点就是尺寸基准。在组合体的长、宽、高三个方向上标注尺寸，需要三个尺寸基准。通常把组合体的底面、侧面、对称平面（反映在视图中是用点画线表示的对

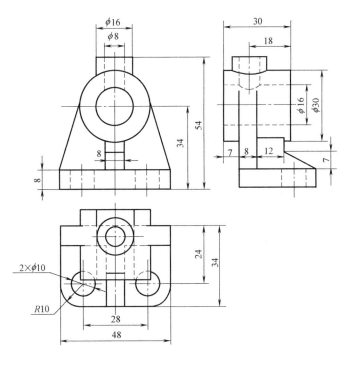

图 5-11　组合体的尺寸标注

称线)、较大的或重要的端面、回转体的轴线等作为尺寸基准。

3. 组合体尺寸标注的基本要求

在组合体视图上标注尺寸的基本要求是：齐全、清晰、正确、合理，符合制图标准中有关尺寸标注的规定。要使尺寸标注清晰，应该注意下列几点：

（1）尽可能将尺寸标注在最能反映物体特征的视图上。

（2）相关的尺寸要集中标注。

（3）尺寸应尽可能地标注在视图轮廓线的外面。

（4）与两视图相关的尺寸，应尽量标注在两视图之间，以便对照识读。

（5）尺寸排列要整齐，大尺寸在外，小尺寸在内，尽量避免在虚线上标注尺寸。

（6）尺寸线与轮廓线之间的距离应不小于 10mm，两尺寸线之间的距离不能小于 7mm。

（7）回转体的直径尺寸一般标注在非圆视图上，但若非圆视图是虚线时，最好不在虚线上标注尺寸。

【例 5-2】　试根据如图 5-12 所示台阶的轴测图绘制三面投影图并标注其尺寸。

根据前述原则，台阶的尺寸标注顺序是：先标注定形尺寸，然后标注定位尺寸，最后标注总体尺寸。

1）标注定形尺寸：240、1000、700、900、1300、150。

2）标注定位尺寸：300、1720、150 、120 、200。

3）标注总体尺寸：1200、1840。

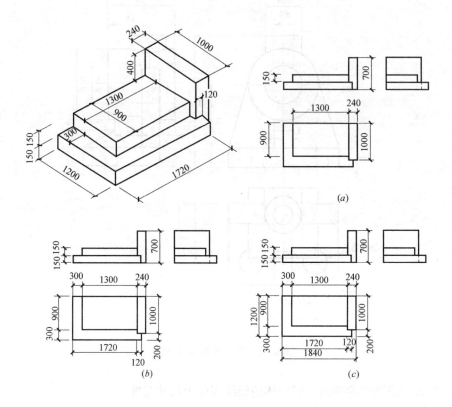

图 5-12 台阶的尺寸标注

（a）标注定位尺寸；（b）标注定形尺寸；（c）标注总体尺寸

学习单元 4 组合体视图的读图

【学习目标】

（1）掌握采用形体分析法和线面分析法进行组合体视图识读。

（2）能利用读图基本规律读懂组合体视图。

（3）熟练绘制"知二补三"，即已知两个视图，补画出第三个视图。

形体分析法和线面分析法是读懂组合体三视图的基本方法。在绘制组合体第三个视图时，首先需熟练运用三等规律，即"长对正、高平齐、宽相等"；其次要掌握平面及基本形体的投影特性；最后还要注意，须将几个视图对照着一起读才能读懂图样和进行绘图。

1. 读图的基本知识

有些立体只需要两个视图就可以表示清楚，如图 5-13 所示；而有些立体需要三个视图才可以表示清楚，如图 5-14 所示。对切割式组合体，还要读懂三视图中各线框的含义，如图 5-15 所示。读图时需要注意以下几点：

（1）掌握三视图的投影规律，即"长对正，高平齐，宽相等"的三等规律。

（2）掌握各种直线和平面的投影特性及常见基本形体的投影特性。

（3）读图时要把几个视图联系起来看。

（4）注意找出特征视图。

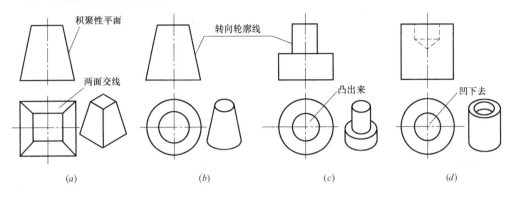

图 5-13　由两个视图读图

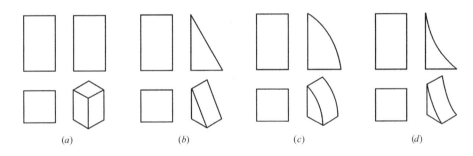

图 5-14　由三个视图读图

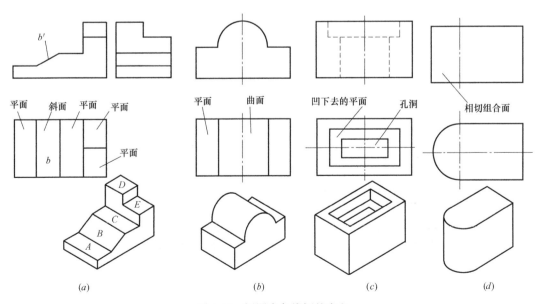

图 5-15　视图中各线框的含义

2. 组合体视图的识读方法

（1）形体分析法读图

在读图时，从反映形体形状特征明显的视图入手，按能反映形体特征的封闭线框划块，把视图分解为若干部分，找出每一部分的有关投影，然后根据各种基本形体的投影特性，想象出每一部分的形状和它们之间的相对位置，最后综合起来想象物体的整体形状。

（2）线面分析法读图

即运用各种位置直线、平面的投影特性（实形性、积聚性、类似性），以及曲面、截交线、相贯线的投影特点，对组合体投影图中的线条、线框（由线段围成的闭合图形）的含义进行深入细致地分析，了解各表面的形状和相互位置关系，从而想象出物体的细部或整体形状。

小提示：组合体视图读图的基本方法是以形体分析法为主，线面分析法为辅。对于叠加式组合体，较多采用形体分析法，并按叠加法想象物体的形状；对于切割式组合体，较多地采用线面分析法，并按切割法想象出物体的形状。

3. 组合体视图的识读步骤

看视图抓特征，分析视图，确定各构成体；分解形体并对基本形体进行投影，根据特征视图，确定各基本形体的形状；综合起来想整体；线面分析攻难点。

（1）叠加式组合体视图的识读

下面以图 5-16 所示的叠加式组合体为例，说明此类组合体视图的识读方法和步骤（见图 5-16）。可以看到，该组合体是由 2 个立体叠加而成。

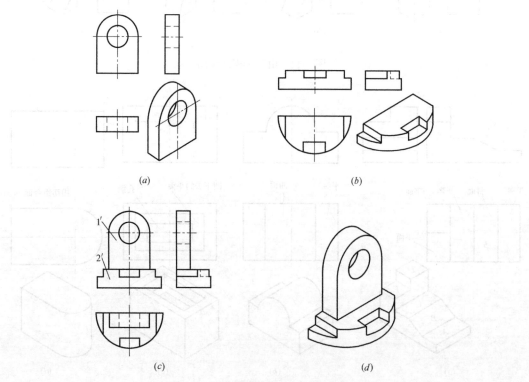

(a)　　　　　　　　　(b)

(c)　　　　　　　　　(d)

图 5-16　叠加式组合体视图的识读

（2）切割式组合体视图的阅读

下面以图 5-17 所示切割式组合体为例，说明此类组合体视图的识读方法和步骤（见图 5-17）。可以看到，该切割式组合体是由 1 个四棱柱依次切割而成。

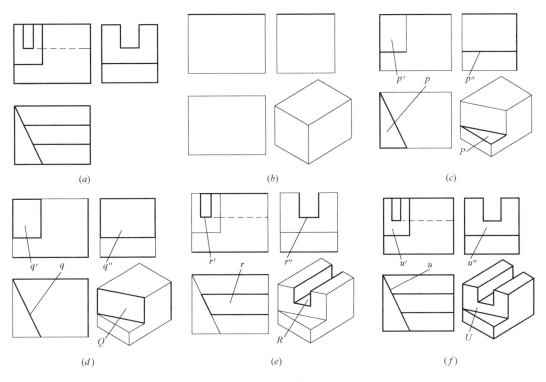

图 5-17 切割式组合体视图的识读

4. 由两个视图补画第三个视图

由两视图补画第三视图简称"知二补三"，是读图训练的重要手段。首先要用形体分析法和线面分析法来正确读懂视图，想象出视图所表达的组合体形状；再根据所想象的空间形体逐个补画出组合体每一部分的第三视图，最后检查补视图与已知视图是否符合投影关系。

小提示：已知两个视图补画第三个视图，是重要的读图基础训练，可以按照以下步骤来完成。

（1）看视图抓特征，分析视图，确定各构成体。

（2）分解形体并对基本形体进行投影，根据特征视图，确定各基本形体的形状。

（3）综合起来想整体，补画第三视图。

（4）检查加深。

【例 5-3】 分析如图 5-18 所示二视图，想象空间形状，并画出它的左侧立面图。

画图步骤如下：

1）看视图抓特征，分析视图，确定构成体。

由组合体正立面图和平面图的特点可知该物体是由一个四棱柱和半个圆筒叠加而成。

2）根据特征视图，可知在四棱柱的中间又切割出一个贯穿方孔。用线面分析法进行

79

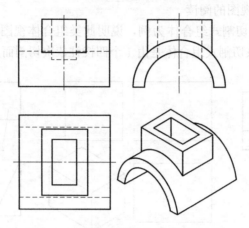

图 5-18 切割式组合体补画左侧立面图

分析。

3）补画出左侧立面图，并加深图线。

【知识拓展】

组合体投影图的识读

（1）组合体投影识图基础

1）牢固掌握三等规律，即"长对正、高平齐、宽相等"。

2）熟练掌握三视图读图方法中的形体分析法及线面分析法。

3）掌握尺寸标注方法，能够运用图中标注的尺寸，确定形体的大小。

（2）组合体投影识图步骤

1）看视图抓特征，即抓最能反映形状特征的一个投影，分析视图，确定各构成体。

2）先进行形体分析，再进行线面分析；先外部分析，后内部分析；先整体分析，后局部分析，再由局部到整体。

3）综合起来想整体，画出组合体。

对于建筑工程实际中复杂的组合体，有些仅用三视图还不能全部表达清楚，这要用到以后学习情境中的相关知识。

【情境小结】

1. 组合体是由基本形体经过叠加、切割或综合而形成的。

2. 组合体的表面连接方式有平齐、相交和相切三种。

3. 组合体画图和读图的方法有形体分析法和线面分析法。通常以形体分析法为主，辅以线面分析法。

4. 组合体标注尺寸时，需标出定形尺寸、定位尺寸和总体尺寸。

学习情境6　工程形体的表达方法

【情境引入】

现代建筑工程形体外部造型独特，内部构造复杂，若只用三视图表达较困难，需要更多方式辅助表达，才能更加清晰地表达该形体的外部造型和内部构造。

【案例导航】

图 6-1 是一栋乡村别墅建筑，想要更加准确的表达这栋建筑的外形尺寸和内部构造尺寸，同时将这些信息表达在图纸上，需要绘制多个平面图、立面图，还需要将建筑内部构造表达出来，才能更准确的表达设计者的意图，使施工人员能清楚看到建筑物外部、内部构造尺寸和位置关系，更加准确指导施工。因此，需要借助更多视图和内部投影使得形体的表达更加准确完整。图纸作为工程界的语言，清楚地表达建筑是非常重要的。

图 6-1　乡村别墅立体图

要清楚地表达建筑形体，需要掌握的知识有：

（1）基本视图

（2）剖视图

（3）断面图

学习单元1 基本视图

【学习目标】

　(1) 了解基本视图的概念。

　(2) 掌握基本视图的绘制方法。

　　用正投影法绘出的图形称为视图。视图主要用来表达建筑的外部形状和内部结构，一般用粗实线画出建筑的可见部分，其不可见部分可用细虚线表示。

　　视图主要用于表达物体的外部结构形状，一般只画出其可见部分，必要时才用虚线表示不可见部分。按标准规定：视图分为基本视图、向视图、局部视图、斜视图四种。本书主要讨论基本视图。

　　物体向基本投影面投影所得的视图，称为基本视图。国家标准中规定正六面体的六个面为基本投影面，这六个基本投影面是在原有的三面投影体系的基础上，在其左方、前方和上方各增加一个垂直投影面，构成六面投影体系。将物体置于该体系中，分别向六个基本投影面投影，得到六个基本视图。其中除主、俯、左视图之外，还有从右向左投影得到的右视图；从下向上投影得到的仰视图；从后向前投影得到的后视图，如图6-2所示。

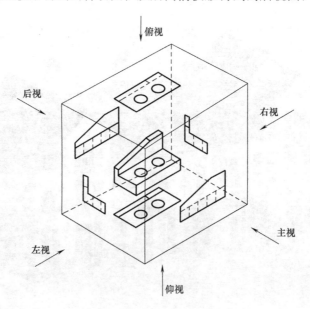

图6-2　基本视图的形成

　　基本视图展开后，各视图的配置关系如图6-3所示。各视图间仍保持"长对正、高平齐、宽相等"的规律。若六个基本视图的位置按此配置可以不标注识图的名称。

　　通常在建筑制图中，将主视图称为正立面图；将俯视图称为平面图；将左视图称为左侧立面图；将右视图称为右侧立面图；将后视图称为背立面图。制图标准中规定每个视图的下方应注写图名，图名下画一粗线。图6-4为一所建筑物的多面投影图。

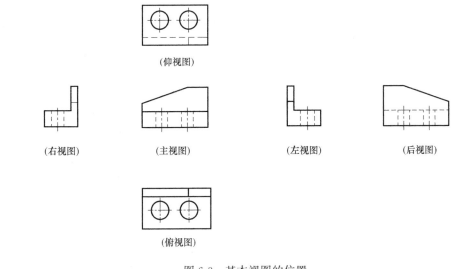

(仰视图)

(右视图)　　　(主视图)　　　(左视图)　　　(后视图)

(俯视图)

图 6-3　基本视图的位置

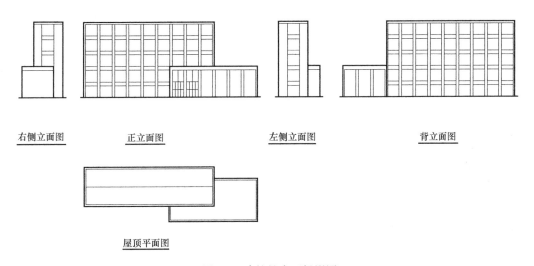

右侧立面图　　　正立面图　　　左侧立面图　　　背立面图

屋顶平面图

图 6-4　建筑的多面投影图

学习单元 2　剖　视　图

【学习目标】

(1) 了解剖视图的概念。

(2) 了解剖视图的绘制方法。

在绘制形体的视图时，可见的部分用粗实线，不可见的部分用虚线。但在实际工程制图中，建筑物内部是很复杂的，在图上产生很多虚线，不便于绘图和看图。因此，在实际的工程中常采用剖视的方法表达物体的内部结构。

1. 剖视图的概念及形成

在绘制形体的视图时，可见的部分用粗实线，不可见的部分用虚线。但在实际工程制图中，建筑物内部是很复杂的，在图上产生很多虚线，不便于绘图和看图。因此在实际的工程中采用剖视的方法表达物体的内部结构。

假想用剖切面（平面或曲面）剖开物体，移去观察者和剖切面之间的部分，作剩余部分的正投影图，称为剖视图。剖切面是一种用于剖切被表达物体的假想平面或曲面，可以假想是一透明的平面或曲面。如图6-5所示是一双柱杯形基础的剖视图。

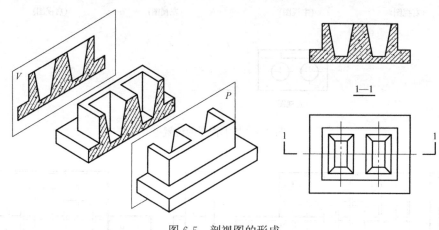

图 6-5 剖视图的形成

2. 剖视图的画法及标注

（1）确定剖切平面的位置

画剖视图时，应根据形体的结构特点选择剖切平面的位置，使剖切后所画的剖视图能确切反映要表达部分的真实形状。一般应选用投影面的平行面，特殊情况例外，但必须垂直于某一基本投影面，且尽量与物体的对称面重合，或通过物体的轴线以及孔、洞的中心线。

（2）标注剖切符号和编号

剖视图的剖切符号表示剖切面的起、止、转折位置和投射方向。剖切符号由剖切位置线和剖视方向线组成。剖切位置线是剖切平面的积聚投影，用长度为6～10mm的粗实线表示。剖切位置线画在图形轮廓线的外部，且不与图形相交。剖视方向线垂直于剖切位置线，长度为4～6mm，用粗实线绘制。

剖切符号的编号应注写在剖视方向线的端部，并用阿拉伯数字按顺序由左向右、由下至上连续编排，如图6-6所示。

（3）画剖视图

画剖视图时，可按投影关系先画剖切断面，然后画剖切平面剖切后的可见轮廓线。对于剖切平面剖切后的不可见部分，如在其他视图中已表达清楚，其虚线可省略不画。

（4）画剖面线

为了分清层次，增强立体感，便于读图，剖

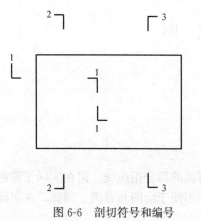

图 6-6 剖切符号和编号

视图中在剖切面剖到的实体轮廓线内画出与水平方向成 45°的剖面线。在建筑工程图样中，按规定应在断面内画出建筑材料图例。

（5）标注剖视图的名称

为了便于识读、查找，在剖视图的下方要注写与剖切符号编号数字相同的图名，并在图名下画一条等长的粗实线，如图 6-7 所示。

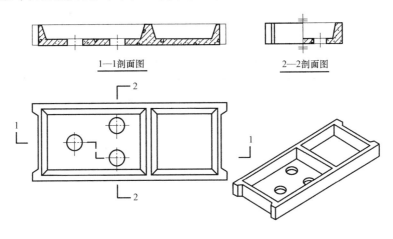

图 6-7　剖视图

3. 剖视图的种类

由于建筑形体结构复杂，为了完整清晰地表达建筑形体，可根据结构特点采用不同的剖视图进行表达。

（1）全剖视图

用一个平行于基本投影面的剖切平面将形体全部剖开的方法称为全剖。

全剖视图一般用于不对称物体，或虽然对称但外形比较简单的物体或回转体。图 6-8 正面投影就是全剖视图。

（2）半剖视图

当形体结构对称时，可以对称中心线为界，一半画成剖视图，另一半画形体外形的视图，这样的图形称为半剖视图。

半剖视图可理解成假想把物体剖去 1/4 后画出的投影图，应注意：

1）半剖视图既表达物体的内部形状，又保留了外部形状，只适用于对称性的物体。

2）半剖视图可以从一半的视图对称地想象物体的另一半形状。为了使图形清晰，在半个视图上所对应的虚线可以省略不画。

3）剖视图与外形视图间的分界线应为点画线。

4）剖视图应画在点画线的右方或下方（平面图画成半剖视图时）。

图 6-8 的侧面投影为半剖视图，正面投影为全剖视图。

（3）局部剖视图

用剖切平面局部的剖开形体所得的剖视图称为局部剖视图。局部剖视图适用于内外形状均需表达且不对称的形体。表达时用波浪线将剖开和未剖开部分分开，波浪线不能与图中其他线重合，也不能超出轮廓线。

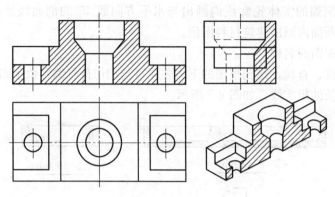

图 6-8　全剖视图与半剖视图

注意：

1）局部剖视图与外形之间用波浪线分界，不能用其他图线代替。

2）波浪线相当于断裂面的投影，当外形有孔、洞时，在孔、洞处不应有波浪线，同时，波浪线不应超出视图轮廓。图 6-9 为分层局部剖视图。

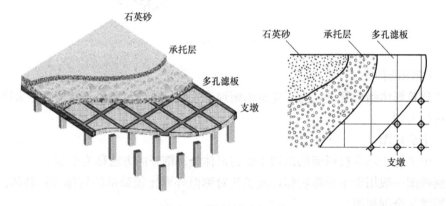

图 6-9　分层局部剖面图

分层局部剖视图，常用来反映墙面、地面、楼面和屋面等各层所用的材料和构造做法。

（4）阶梯剖视图

用两个或两个以上互相平行的剖切平面剖切物体，这种剖切方法称为阶梯剖，所得到的剖视图称为阶梯剖视图。适用于用一个剖面无法同时表达几处内部构造的形体。图 6-7 的 1-1 剖面图为阶梯剖视图。

注意：

1）剖切是假想的，在阶梯剖视图中，不应画出两剖切平面转折处的分界线。

2）在标注剖切符号时，应在两剖切平面转角的外侧加注与该符号相同的编号。

（5）旋转剖视图

用两个相交的剖切平面剖切物体，所得到的剖视图称为旋转剖视图。采用旋转剖视图时，一个剖面与投影面平行，另一个剖面与该投影面倾斜，两剖切平面的交线应为投影面的垂直线。

画剖视图时，平行于投影面的剖切部分直接向投影面投射，倾斜于投影面的剖切部分绕两剖切面的交线旋转到与投影面互相平行，然后再向投影面投射。图 6-10 为旋转剖视图。

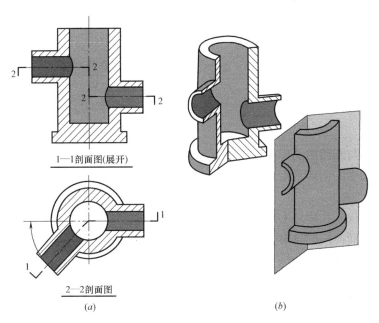

1—1剖面图(展开)

2—2剖面图
(a)

(b)

图 6-10　旋转剖视图
(a) 旋转剖面的画法；(b) 剖切情况

学习单元 3　断　面　图

【学习目标】

(1) 了解断面图的概念。
(2) 了解断面图的绘制方法。

断面图主要用来配合基本视图表达如肋板、轮辐、型材、带有孔、洞、槽等的形体，表明这类物体结构的断面形状。与剖视图相比，在表达这些物体结构时，断面图更为简单。

1. 断面图的形成

假想用一剖切平面将形体剖开，仅画出该剖面与物体接触部分的图形，该剖开部分的断面图形，称为断面图。当只需表示形体某部分的断面形状时，常采用断面图。图 6-11 为檩条的断面图。

断面图与剖视图的区别是：

(1) 断面图只画物体截断面的投影，而剖视图还要画出剖面后面可见部分的投影，即剖切后剩余形体的投影，如图 6-11 所示。

(2) 剖视图中一定包含了断面图。

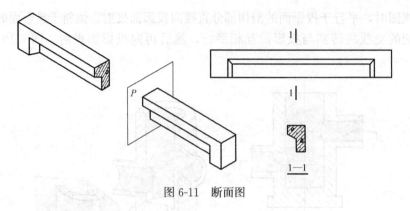

图 6-11　断面图

（3）剖视图与断面图的标注方法不同。

（4）剖视图中的剖切平面可以转折，而断面图中的剖切平面则不转折。

2.断面图的标注

断面图与剖视图在标注上的区别在于：断面图的剖切符号仅画出剖切位置线，而不画出剖视方向线。断面图的投射方向用编号的注写位置来表示，数字在剖切位置线左侧则从右向左投影，数字在右侧则从左往右投影。

3.断面图的种类和画法

（1）移出断面图

将断面图画在形体的视图之外，称为移出断面图。图 6-12 为移出断面图。

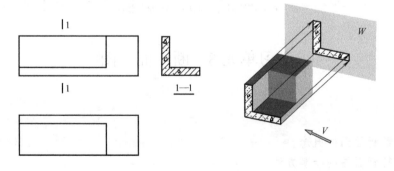

图 6-12　移出断面图

（2）重合断面图

将断面图画在形体的视图之内，称为重合断面图，如图 6-13 所示。

（3）中断断面图

将断面图画在视图的中断处，称为中断断面图，如图 6-14 所示。

重合断面图和中断断面图不需标注。

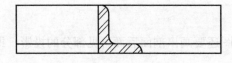

图 6-13　重合断面图

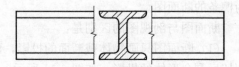

图 6-14　中断断面图

【知识拓展】

其他表达方法

1. 镜像投影

把一镜面放在形体的下面，代替水平投影面，在镜面中得到形体的垂直映像，这样的投影为镜像投影。镜像投影是物体在镜面中的反射图形的正投影，该镜面应平行于相应的投影面。

镜像投影所得的视图应在图名后注写"镜像"二字，或按如图 6-15（c）所示方式画出镜像投影识别符号。

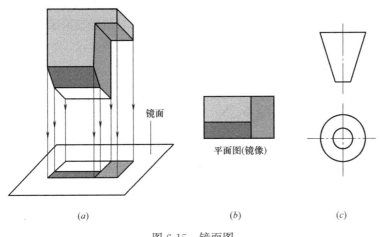

图 6-15　镜面图

在建筑装饰施工图中，常用镜像视图来表达室内顶棚的装修、灯具，或古建筑中殿堂室内房顶上藻井（图案花纹）等构造。

2. 简化画法

在不影响生产和表达形体完整性的前提下，为了节省绘图时间，提高工作效率，《房屋建筑制图统一标准》GB/T 50001—2017 规定了一些将投影图适当简化的处理方法，这种处理方法称为简化画法。

（1）对称画法：当构配件的图形对称时，可只画图形的一半，并加上对称符号；如图6-16（a）所示或如图 6-16（b）所示 1/4 视图（双向对称的图形，有两条对称线），但必须画出对称线，并加上对称符号。

对称线用细点画线表示，对称符号用两条垂直于对称轴线、平行等长的细实线绘制，其长度为 6～10mm，间距为 2～3mm，画在对称轴线两端，且平行线在对称线两侧长度相等，对称轴线两端的平行线到投影图的距离也应相等。

当视图对称时，图形也可画成稍超出

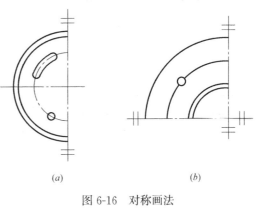

图 6-16　对称画法

其对称线，即略大于对称图形的一半，此时可不画对称符号，如图 6-17 所示。这种表示方法必须画出对称线，并在折断处画出折断线或波浪线（适用于连续介质）。

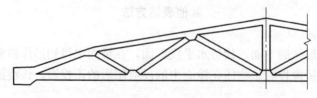

图 6-17　对称画法

（2）相同要素的省略画法：当物体内有多个完全相同且连续排列的结构要素时，可只在两端或适当的位置画出这些要素的完整形状，其余用中心线或中心线的交点来表示它们的位置，并注明它们的个数，这种方法称为相同要素的省略画法。如果形体中相同构造要素只在某一些中心线交点上出现，则在相应的中心线交点处用小圆点表示，如图 6-18 所示。

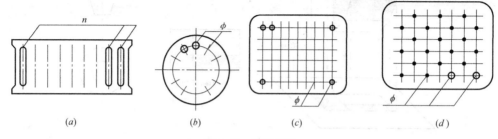

图 6-18　省略画法

（3）折断画法：对较长且断面形状不变的构件，或断面形状按一定规律变化的构件，可断开省略标注。在断开处两侧加上折断线，如图 6-19 所示。

（4）连接画法：连接符号应以折断线表示连接的部位，并以折断线两端靠图样一侧的大写拉丁字母表示连接编号。两个被连接的图样，必须用相同的字母编号，如图 6-20 所示。

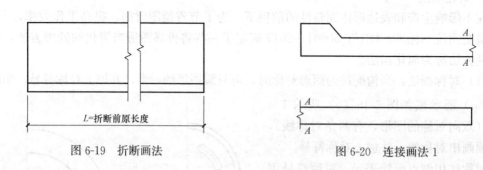

图 6-19　折断画法

图 6-20　连接画法 1

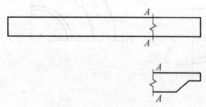

图 6-21　连接画法 2

　　一个构配件如与另一构配件仅部分不相同，该构配件可只画不同部分，在两个构配件的相同部位与不同部位的分界线处，分别绘制连接符号，两个连接符号应对准在同一位置上，如图 6-21所示。

【情境小结】

1. 基本视图

物体向基本投影面投影所得的视图，称为基本视图。国家标准中规定正六面体的六个面为基本投影面，将物体放在六面体中，然后向各基本投影面进行投影即得到六个基本视图。

2. 剖视图

假想用剖切面（平面或曲面）剖开物体，移去观察者和剖切面之间的部分，作剩余部分的正投影图，称为剖视图。

3. 断面图

假想用一剖切平面将形体剖开，仅画出该剖面与物体接触部分的图形，该剖开部分的断面图形，称为断面图。

学习情境 7 建筑施工图

【情境引入】

图 7-1 是某居民住宅楼的示意图，房屋组成包含哪些构件及各构件的作用是什么？

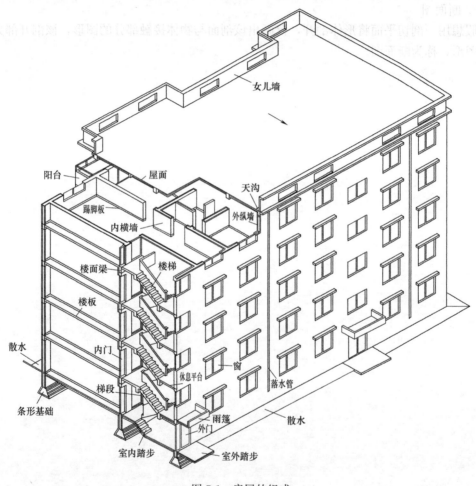

图 7-1 房屋的组成

【案例导航】

建筑施工图是表示房屋的总体布局、内外形状、平面布置、建筑构造及装修做法等的图纸。它是运用正投影原理及有关专业知识绘制的工程图样，作为指导施工的主要技术依据。

要识读建筑施工图，需要掌握的相关知识有：建筑平面图、立面图、剖面图、建筑详图的图示内容以及绘制和识读建筑施工图的基本方法。

学习单元1 概 述

【学习目标】

(1) 了解房屋的组成及其作用。

(2) 了解房屋建筑图的分类。

建筑施工图是表示房屋的总体布局、内外形状、平面布置、建筑构造及装修做法等的图纸。建筑施工图是按照建筑制图国家标准，用建筑专业的习惯画法详尽准确地进行表达，并标注尺寸和必要的文字说明的图样，是指导工程施工的图样。

1. 房屋的组成及作用

建筑物按其使用性质通常分为民用建筑（如住宅、学校、宾馆、车站、体育馆、影剧院、医院等）与工业建筑（工厂、电站等）。根据建筑物使用功能又分为居住建筑和公共建筑两大类。居住建筑是供人们生活起居用的建筑物，如住宅、公寓、宿舍等；公共建筑是供人们进行各项社会活动的建筑物，如教学楼、图书馆、宾馆、博物馆、影剧院、各种办公楼等。按建筑的一般规定，高度超过24m的公共建筑或9层以上的住宅，称为高层建筑；高度超过100m的住宅或公共建筑，称为超高层建筑。

房屋的每个部分都具有一定的功能，如基础、楼板、墙体等用于支承和传递荷载；屋顶、外墙、内墙等可以防风、挡雨、挡雪、保温、隔热和隔声；门、走廊、楼梯起着沟通房屋内外或上下交通的作用；窗具有通风和采光的作用；屋面、雨水管、散水等起排水作用；勒脚、踢脚等起着保护墙身的作用。

2. 房屋建筑图的分类

房屋设计一般分为方案设计、初步设计、技术设计和施工图设计等阶段，不同的设计阶段对图纸有不同的要求。施工图设计阶段所出的图纸称为施工图。施工图按其内容和作用的不同一般分为建筑施工图、结构施工图和设备施工图。

(1) 建筑施工图：简称建施图，主要反映建筑物的规划位置、形状与内外装修、构造及施工要求等。建筑施工图包括首页、总平面、平面图、立面图、剖面图和详图。

(2) 结构施工图：简称结施图，主要反映建筑物承重构件的布置、类型、材料、尺寸和构造做法等。结构施工图包括结构设计说明、基础图、结构平面布置图和各种结构构件详图。

(3) 设备施工图：简称设施图，主要反映建筑物的给水排水、采暖通风、电气照明等设备的布置及安装要求，包括平面布置图、系统图和安装详图。

学习单元2 建筑总平面图

【学习目标】

(1) 了解建筑总平面图的形成。

(2) 了解建筑总平面图的表达内容。

建筑总平面图简称总平面图，是为了反映新设计的建筑物的位置、朝向及其与原有建筑、道路、绿化、地形等周围环境的相互关系。

1. 建筑总平面图的形成与作用

建筑总平面图是在画有等高线或加上坐标方格网（对于一些较简单的工程，有时也可不画出等高线和坐标方格网）的地形图上，以图例形式画出新建建筑、原有建筑、预拆除建筑等的外围轮廓线，建筑物周围道路、绿化区域等的平面图，加上指北针，就形成总平面图。有时也用风向频率玫瑰图表示常年主导风向和房屋朝向。总平面是新设计的建筑物定位、放线和布置施工现场的依据。图 7-2 为某学校的总平面图。

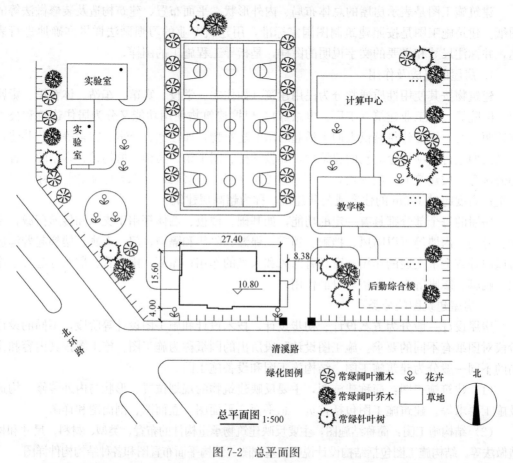

图 7-2　总平面图

2. 建筑总平面图的内容

建筑总平面图主要包括以下内容：

（1）图名、比例

在建筑总平面图的下方应注写图名和比例。由于总平面图所表示的区域范围较大，所以常采用较小的比例绘制，如 1：500、1：1000、1：2000 等。表 7-1 为总平面图例。

（2）用图例表明新建和原有建筑物、构筑物等

由于建筑总平面图的绘图比例较小，故采用图例表示新建和原有建筑物、构筑物的形状、位置及各建筑物的层数；附近道路、围墙、绿化的布置；地形、地物的情况等。

名称	图例	说明	名称	图例	说明
新建建筑物	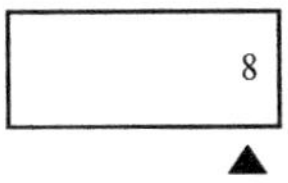 8 ▲	1. 需要时,可用 ▲ 表示出入口,可在图形内右上角用点或数字表示层数 2. 建筑物外形(一般以±0.00高度外的外墙定位轴线或外墙面线为准)用粗实线表示。需要时,地面以上建筑用中粗实线表示,地面以下建筑用细虚线表示	新建的道路	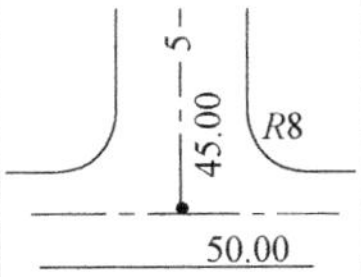 45.00 R8 5 50.00	"R8"表示道路转弯半径为 8m,"50.00"为路面中心控制点标高,"5"表示 5%,为纵向坡度,"45.00"表示变坡点间距离
原有的建筑物		用细实线表示	原有道路	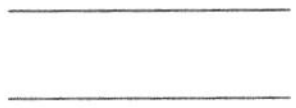	
计划扩建的预留地或建筑物		用中粗虚线表示	计划扩建的道路	 — — —	
拆除的建筑物	 × × × ×	用细实线表示	拆除的道路	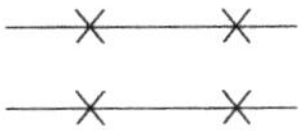 × ×	
坐标	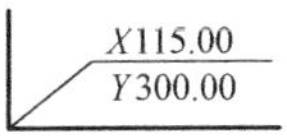 X115.00 / Y300.00	表示测量坐标	桥梁	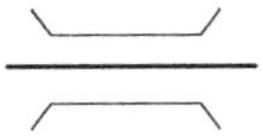	1. 上图表示铁路桥,下图表示公路桥 2. 用于旱桥时应注明
	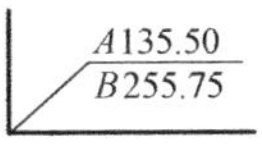 A135.50 / B255.75	表示建筑坐标		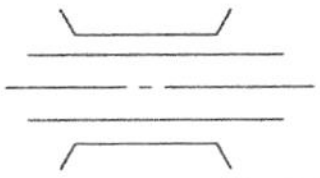	
围墙及大门	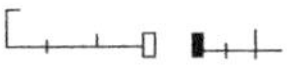	上图表示实体性质的围墙,下图表示通透性质的围墙,如仅表示围墙时不画大门	护坡	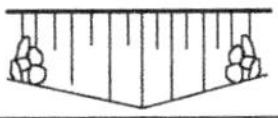	1. 边坡较长时,可在一端或两端局部表示 2. 下边线为虚线时,表示填方
	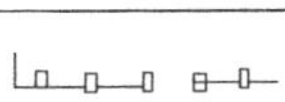		填挖边坡	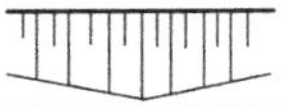	
台阶	 ←	箭头指向表示向下	挡土墙	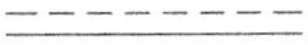 — — —	被挡的土在"突出"的一侧
铺砌场地	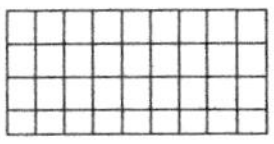		挡土墙上设围墙	 ▪–▪–▪	

（3）确定新建房屋平面位置的尺寸

新建房屋的位置一般可根据原有房屋或道路来定位,并以"m"为单位标注出定位尺寸。对新建成片的建筑群或复杂的建筑物,常需画出测量坐标网进行定位,用坐标给出每一建筑物及道路转折点的位置。

（4）标注新建房屋的标高

在总平面图中应标注新建房屋的底层地面和室外地坪的绝对标高。地势变化较大的区域,总平面图中还应画出等高线。

（5）绘出指北针和风向频率玫瑰图

总平面图中要画出指北针和风向频率玫瑰图。指北针用来表示建筑物的朝向。风向频率玫瑰图表示该地区各个方向常年风向频率。风向频率图上所表示的风向,是指从外面吹向该地区中心的风。

总平面图中尺寸和标高单位均为"m"，一般注写到小数点以后第二位。建筑平、立、剖面图中的标高数字同样以"m"为单位，注写到小数点以后第三位。标高符号画法如图7-3所示。

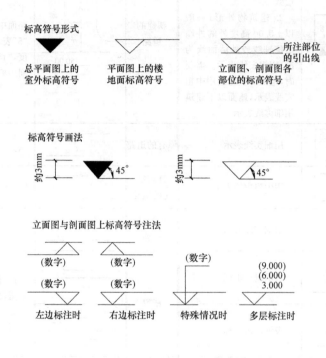

图 7-3 标高符号的画法

学习单元 3 建筑平面图

【学习目标】

（1）了解建筑平面图的形成和表达内容，能识读建筑平面图的表达。

（2）掌握建筑平面图绘图的有关规定。

（3）学会识读建筑平面图。

建筑内平面图主要表达房屋建筑的平面形状、房间布置、内外交通联系以及墙、柱、门窗等构配件的位置、尺寸、材料和做法等内容，它是房屋土建施工放线、设备安装、装修及编制概预算、备料等的重要依据。

1．建筑平面图的形成及作用

建筑平面图就是一栋房屋水平剖视图，即假想用一水平剖切平面沿门窗洞的位置将房屋剖开，然后移去剖切平面和它以上部分，将剩余部分从上向下做投射，在水平投影面上所得到的图样为建筑平面图，如图7-4所示。

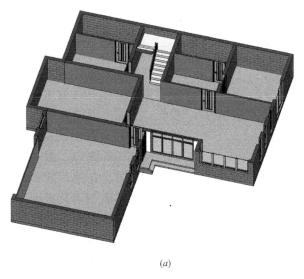

(a)

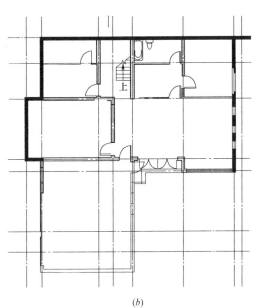

(b)

图 7-4 平面图的形成

(a) 直观图；(b) 投影图

建筑平面图主要表示建筑物的平面形状、内部分隔、房间、走廊、楼梯、台阶、门窗、阳台的水平布置和大小等。

如果一栋多层楼房的每层布置不相同时，则每层都应画出平面图。沿底层门窗洞口切开后得到的平面图，称为底层平面图。沿二层门窗洞切开后得到的平面图，称为二层平面图，依次可得到三层、四层平面图等。如果其中有几个楼层的平面布置相同，可以画一个平面图，称为标准层平面图。

2. 平面图的图示内容和图例

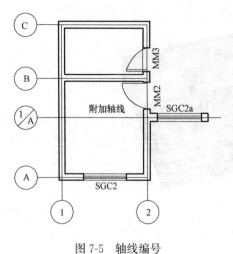

图 7-5　轴线编号

建筑平面图由"一层平面图""二层平面图"等若干个平面图组成。一层平面图应画出该房屋的平面形状、各房间的分隔和组合、出入口、门厅、楼梯等的布置和相关关系、各门窗的位置以及与本栋房屋有关的室外台阶、散水、花池等的投影。二层平面图除画出房屋二层范围的投影内容之外，还应画出底层平面图无法表达的雨篷、阳台、窗楣等内容，而对于底层平面图上已表达清楚的台阶、花池、散水等内容就不再画出；三层以上的平面图则只需画出本层的投影内容及下一层的窗楣等无法表达的内容。

由于平面图的比例较小，实际工程中常用1：100的比例绘制，所以门、窗等投影难以详尽表达，应采用国家标准规定的图例来表达，而相应的详尽情况则另用较大比例的详图来表达。

3. 平面图的有关规定和要求

（1）线型

建筑平面图的线型的国家标准规定为凡是剖到的墙、柱断面轮廓线宜采用粗实线，门的开启示意线用中粗实线表示，其余可见轮廓线（如窗台、台阶、梯段等）则用细实线表示。

（2）标注纵横定位轴线及其编号

建筑平面图中应标注定位轴线，以反映各承重构件的位置以及各房间的大小。《房屋建筑制图统一标准》GB/T 50001—2017 规定：平面图上定位轴线编号宜标注在图样的下方和左侧。横向编号应用阿拉伯数字，从左至右依次顺序编写；竖向编号应用大写拉丁字母，从下至上依次顺序编写，且拉丁字母 I、O、Z 不得用作轴线编号，以避免与阿拉伯数字中 0、1、2 三个数字混淆。编号圆用细实线绘制，直径 8～10mm，一般承重墙及外墙编为主轴线，非承重墙、隔墙等编为附加轴线（也称分轴线），如图 7-5 所示。

（3）尺寸标注

在建筑平面图中，必须详细标注尺寸，以表示房屋内外各结构的平面大小及位置。平面图中的尺寸分为两种：外部尺寸和内部尺寸。

1）外部尺寸：外部尺寸有三道，沿横向、竖向分别标注在平面图图形的外部。第一道尺寸称为洞口尺寸。这道尺寸离外墙线最近，表示外墙上门窗洞的位置和大小的尺寸，它以定位轴线为基准进行标注。第二道尺寸称为轴线尺寸，表示轴线之间的距离。它标注在各轴线之间，说明房间的开间及进深的尺寸。第三道尺寸称为外包尺寸，表示建筑物外轮廓的总体尺寸。它是从建筑物一端外墙皮到另一端外墙皮的总长和总宽尺寸。

2）内部尺寸：标注在图形内部的尺寸称为内部尺寸。内部尺寸主要用于表示内墙上的门、窗的宽度和位置、墙体的厚度、房间大小、室内固定设备的大小和位置、预留洞位置等。

3）门窗布置和编号：由于建筑平面图一般采用较小的比例绘制，所以《房屋建筑制图统一标准》GB/T 50001—2017规定门窗均用图例来表示。门窗的图例中，一般窗的平面图和剖面图用两条平行细实线表示窗框及窗扇。门的平面图例中，用45°倾斜的实线表示门及其开启方向。在门窗立面图中，平开门窗的开启方向用斜线，实线为外开，虚线为内开，开启方向交角的一侧为安装合页的一侧。推拉门、窗用箭头表示推拉方向。

在建筑平面图中，门窗图例旁应标出它们的名称代号。门用字母 M 表示，窗用字母 C 表示。为区别门窗类型和便于统计，规定在代号之后写上编号如 M1、C2 等，并列出门窗表，表示出各类门窗的规格、数量等。

门窗表的编制是为了计算出每幢房屋不同类型的门窗数量，以供订货加工之用。房屋的门窗表一般放在建筑施工图的首页图内。

4）标注室内地面和楼地面的标高

建筑平面图中应标注楼面、地面、阳台、台阶、楼梯休息平台等处的相对标高。

4. 建筑平面图的绘制

建筑平面图所表示的内容较多，为使层次分明，常用不同的图线来表达不同的内容。《房屋建筑制图统一标准》GB/T 50001—2017规定，凡是剖切到的主要建筑构造，如墙、柱等结构的断面轮廓线用粗实线绘制，被剖切到的次要建筑构造，如隔断以及没有剖切到的建筑构配件，如窗台、台阶、明沟、花台、楼梯等的可见轮廓线用中实线绘制。通常剖切到的构配件的断面处应画材料图例。由于建筑平面图的绘图比例较小，所以在1：100/1：200的平面图中可简化材料图例或不画材料图例，如剖切到的墙体断面可涂红或不画材料图例、钢筋混凝土构件的断面可涂黑等。

（1）建筑平面图的绘图步骤

1）定轴线并绘墙体：首先根据轴线间尺寸绘制出轴线网，然后根据墙厚尺寸绘制出内外墙轮廓线。

2）绘门窗和柱：根据洞口尺寸定出门窗的位置，并按门窗图例绘制；由柱的位置及大小尺寸插入柱。

3）绘楼梯及其他细部，如阳台、散水、雨篷、室内固定设备等。

4）标注尺寸及标高、注写文字和符号，如详图索引符号、剖面符号等，并按规定加深图线，完成全图。

（2）平面图的数量和图名

一栋房屋究竟应该出多少平面图要根据房屋复杂程度而定。一般情况下，房屋有几层就应画出几个平面图，当房屋中间若干层的平面布局、构造情况完全一致时，则可用一个平面图来表达相同布局的若干层，称为"标准层平面图"。如中间某层有些局部改变，也可单独出一局部平面图。另外，为表明屋面排水结构及附属设施的设置状况，还需绘制屋顶平面图。

在平面图的下方应标注相应的图名，如一层平面图、屋顶平面图等，如图7-6～图7-8所示。

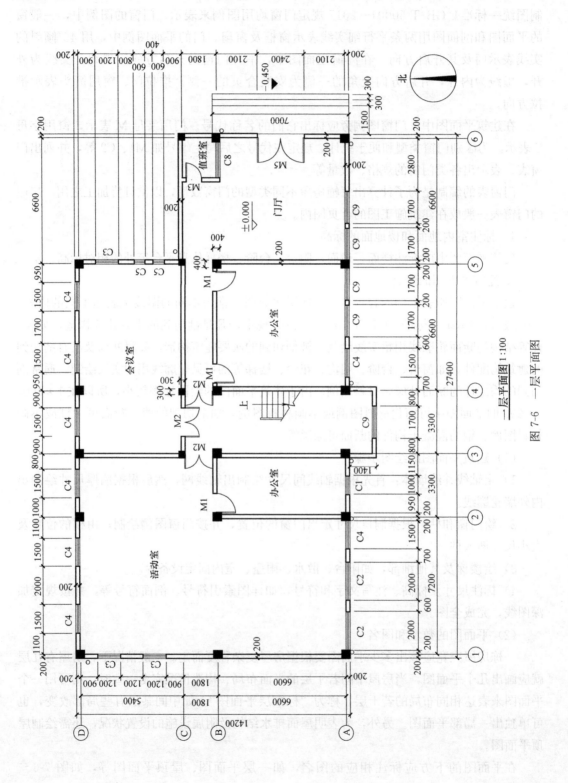

一层平面图 1:100

图 7-6 一层平面图

北

值班室

门厅

会议室

办公室

办公室

活动室

上

±0.000

−0.450

100

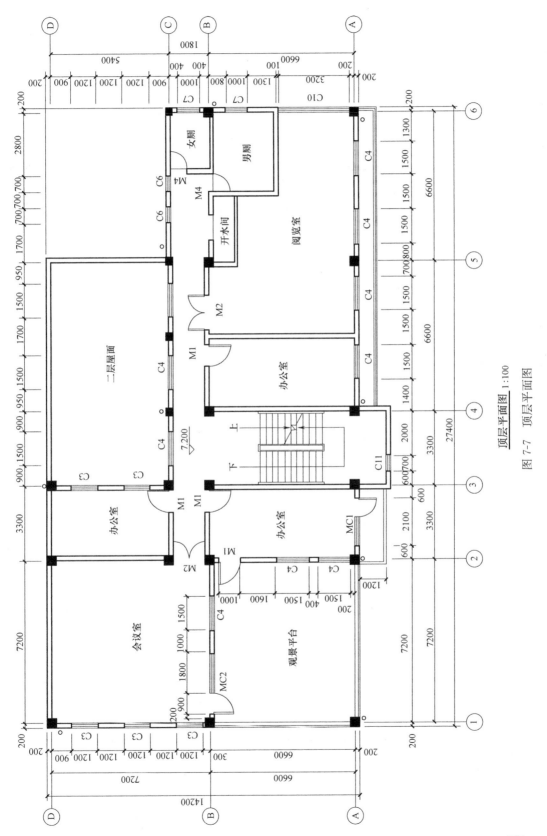

顶层平面图 1:100

图 7-7 顶层平面图

101

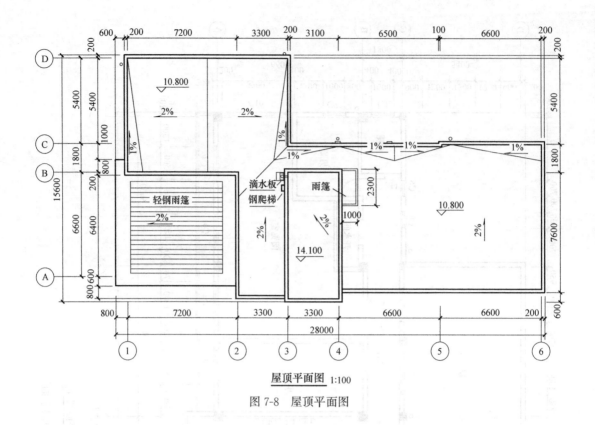

屋顶平面图 1:100

图 7-8 屋顶平面图

学习单元4 建筑立面图

【学习目标】

(1) 了解建筑立面图的形成和内容。

(2) 掌握建筑立面图的识读和绘制。

建筑立面图是用正投影的方法将房屋的各个外墙面进行投射，所得到的正投影图。建筑立面图主要表达建筑物的体形和外貌，外立面的装饰装修做法和要求等，也是建筑外部装修的主要依据。

1. 建筑立面图的形成及作用

将房屋立面向所平行的投影面上投射，得到的图形称为建筑立面图。建筑立面图主要表达房屋的外部形状、房屋的层数和高度、门窗的形状和高度、外墙面的材料及装修做法等。

当房屋前后、左右立面不同时，应画出各方向的立面图。立面图常用以下几种方式命名：

(1) 按定位轴线命名：有定位轴线的建筑物，应根据两端定位轴线的编号来命名。

(2) 按方位命名：可将反映主要出入口或比较明显地反映房屋外貌特征的立面图命名为正立面图。其余的立面图分别命名为背立面图、左侧立面图、右侧立面图。

（3）按朝向命名：可根据房屋立面的朝向命名，如南立面图、北立面图、东立面图和西立面图。

2. 建筑立面图的图示内容

（1）图名、比例

在建筑立面图的下方应注写图名和比例。绘制立面图所用的比例常与平面图一致。

（2）标注建筑物两端的定位轴线及其编号

建筑立面图中一般只画出两端的定位轴线及其编号，以便与平面图对照。

（3）表明房屋的外形及建筑细部的形式和位置

在建筑立面图中要表示出门窗、屋顶、雨篷、阳台、台阶、雨水管、水斗等细部结构的形状和做法及室外地坪线，房屋的勒脚，外部装饰及墙面分格线。

（4）标注各部位的标高

立面图上各部位的高度主要用标高表示。一般要注出室外地坪、底层地面、门窗洞口、阳台、檐口、雨篷、房屋最高顶面的标高。有时，对于某些局部结构还需标注确定位置和大小的尺寸。

（5）注写有关的符号及文字

立面图中表达不清楚的部分应另作详图，在需画详图的部位要注出详图的索引符号。外墙面的材料及做法一般用文字说明，如图7-9所示。

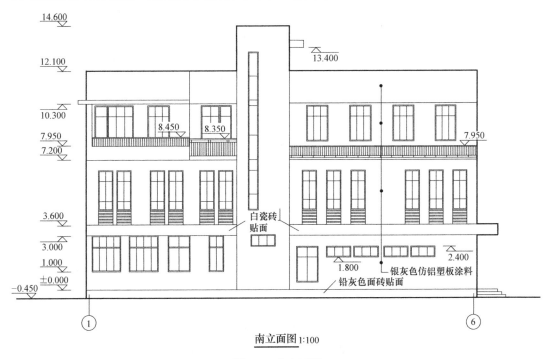

南立面图 1:100

图 7-9 南立面图

3. 建筑立面图的绘制

为了使立面图的图形清晰，通常把房屋立面的最外轮廓线画成粗实线，室外地坪用加粗线表示。门窗洞口、檐口、阳台、雨篷、台阶等轮廓线用中实线表示。其余如墙面分隔线、门窗格子、雨水管以及引出线等均用细实线表示。

建筑立面图的绘制步骤如下：

（1）绘室外地坪线、外墙轮廓和屋顶线。

（2）定门窗洞口位置，绘阳台、雨篷、檐口等轮廓线。

（3）绘细部，如门窗、阳台、雨水管、勒脚、墙面分格线等。

（4）标注标高、注写文字和详图索引符号等，并按规定加深图线，完成全图。

学习单元 5 建筑剖面图

【学习目标】

（1）了解建筑剖面图的形成和表达内容。

（2）掌握建筑剖面图的识读和绘制。

建筑剖面图主要用来表达房屋内部的结构形式、沿高度方向分层情况、门窗洞口高度、建筑层高及总高等。它与建筑平面图、建筑立面图相配合进行识读，是建筑施工中的重要图样之一。

1. 建筑剖面图的形成及作用

假想用一个或两个铅垂的剖切平面把房屋切开后所得到的剖视图称为建筑剖面图。

建筑剖面图主要用于反映房屋内部在高度方面的情况。如屋顶的形式、楼房的层次、房间和门窗各部分的高度、楼板的厚度等。同时也可以表示出房屋所采用的结构形式。

剖切平面的位置一般选择在建筑内部做法有代表性和空间变化比较复杂的部位。多层建筑一般使剖切平面通过楼梯间。复杂的建筑物往往需要画出几个不同位置的剖面图。在一个建筑剖面图中想要表示不同位置的剖切，可使剖切平面转折，但只允许转折一次。

2. 建筑剖面图的内容

（1）图名、比例

建筑剖面图的图名与底层平面图所标注的剖切位置符号的编号要一致。

（2）标注定位轴线

在建筑剖面图中，应标出被剖切到的各承重结构的定位轴线及与平面图一致的轴线编号。

（3）表明室内底层地面到屋顶的结构形式

建筑剖面图应表达出建筑物的内部分层情况及内外墙、门窗、楼梯梯段及楼梯平台、雨篷、阳台、屋檐的位置和形状。

（4）标注各部分的标高和高度方向尺寸

建筑剖面图中应标注出各主要部位的标高，如室内外地面、各层楼面、楼梯平台、阳台、檐口、屋顶等处的标高。剖面图中还应标注出门窗洞口、楼层的高度尺寸。高度尺寸一般分为细部尺寸和层高尺寸。细部尺寸用于表示门窗、洞、阳台、梁等处的高度。层高尺寸主要表示各层的高度。

（5）注写有关的文字及符号

建筑剖面图的文字用以说明某些用料、楼面、地面的做法。需画详图的部位还应标注出详图索引符号，如图 7-10 所示。

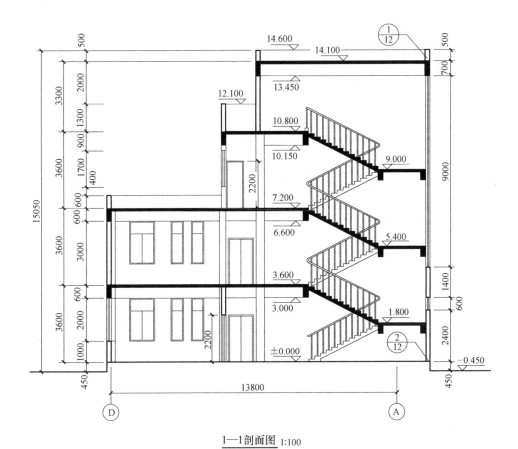

1—1剖面图 1:100

图 7-10　1-1 剖面图

3. 建筑剖面图的绘制

在剖面图中,断面的表示方法与平面图相同。断面轮廓线用粗实线表示,钢筋混凝土构件的断面可涂黑表示。其他没被剖切到的可见轮廓线用中实线表示。

建筑剖面图的绘图步骤如下:

(1) 定轴线,绘室内外地坪线,定楼板及楼梯休息平台的位置,并绘出墙身。

(2) 绘门窗、楼梯、楼板、休息平台板、梁等结构。

(3) 绘细部,如楼梯栏杆、雨篷、屋面等。

(4) 标注标高及高度尺寸,注写有关文字和详图索引符号等,并按规定加深图线,完成全图。

学习单元 6　建 筑 详 图

【学习目标】

(1) 了解建筑详图的作用和特点。

(2) 掌握常用建筑详图的识读与绘制。

一个建筑物仅有平面图、立面图、剖面图是不够的，还不能满足施工要求，因为这些图样的比例比较小，某些细部构造和尺寸无法表达清楚。建筑详图是平面图、立面图和剖面图的深入和补充，也是指导施工的依据。没有足够数量的详图，便达不到施工要求。

1. 建筑详图的作用和特点

由于建筑平、立、剖面图所用的比例较小，房屋的许多局部构造无法表示清楚。为了满足施工的需要，必须分别将这些局部构造的形式、大小、材料及做法用较大的比例详细地绘制出来，所得到的详图称为建筑施工详图。

建筑详图可以是建筑平、立、剖面图中某一局部的放大图或剖视放大图，也可以是某一构造节点或某一构件的放大图。建筑详图可分为局部构造详图和构配件详图。常用的详图有墙身详图、楼梯详图、卫生间详图、门窗详图、雨篷详图等。

建筑详图具有以下特点：

(1) 图形详：图形采用较大比例绘制，各部分结构表达详细，层次清楚。

(2) 数据详：各构件的尺寸标注完整齐全。

(3) 文字详：无法用图形表达的内容采用文字进行说明，详尽清楚。

2. 常用详图介绍

为了便于查阅表明节点处的详图，在平面图、立面图和剖面图中某些需要绘制详图的位置应注明详图的编号和详图所在图纸的编号，这种符号称为索引符号。索引符号的引出线以细实线绘制，宜采用水平方向的直线或与水平方向呈 30°、45°、60°、90°角的直线，再转成水平方向的直线。文字说明宜写在水平直线上方或端部，引出线应对准索引符号的圆心。

在详图中应注明详图的编号和被索引的详图所在图纸的编号，这种符号称为详图符号。将索引符号和详图符号联系起来，就能顺利、方便地查阅详图。

索引符号和详图符号的具体画法和说明见表 7-2。

索引符号与详图符号 表 7-2

	符 号 画 法	符 号 标 法	说　明
局部放大索引符号	1. 圆直径为 8～10mm； 2. 引出线及圈均用细实线绘制 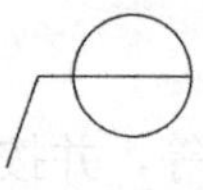	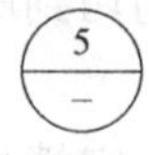 $\frac{5}{-}$	索引出的详图与被索引的详图在同一张图纸内
		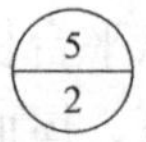 $\frac{5}{2}$	分母表示被索引详图所在图纸编号，分子表示被索引的详图编号
		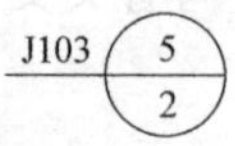 J103　$\frac{5}{2}$	采用标准图集第 103 册第 2 页第 5 个详图
局部剖视索引符号	1. 圆直径为 8～10mm； 2. 引出线及圈均用细实线绘制； 3. 引出线一侧为剖视方向； 4. 剖切位置用粗实线绘制 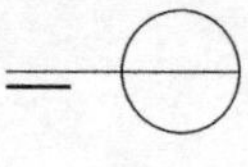	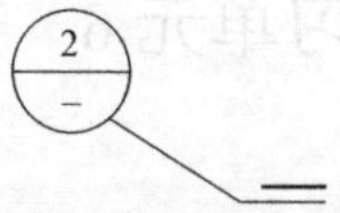 $\frac{2}{-}$	被索引详图与被索引的图样在同一张图纸内
		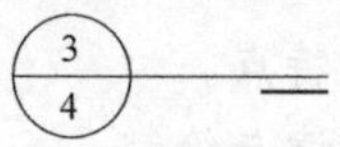 $\frac{3}{4}$	分母表示被索引详图所在图纸编号，分子表示被索引的详图编号

	符 号 画 法	符 号 标 法	说　　明
局部剖视索引符号	1. 圆直径为 8～10mm； 2. 引出线及圈均用细实线绘制； 3. 引出线一侧为剖视方向； 4. 剖切位置用粗实线绘制	J103 ④⁄⑤	采用标准图集第 103 册第 5 页第 4 个详图
详图符号	1. 圆直径为 14mm； 2. 圆用粗实线绘制	⑤	详图与被索引的图样在同一张图纸内
		⑤⁄③	分母表示被索引图纸的图纸编号，分子表示详图编号

详图的表达方式和数量可根据房屋构造的复杂程度而定。本节仅介绍楼梯详图。

楼梯是房屋中比较复杂的构造，目前多采用预制或现浇钢筋混凝土结构。楼梯由楼梯段、休息平台和栏板等组成，如图 7-11 所示。

楼梯详图包括楼梯平面图、楼梯剖面图及踏步栏杆节点详图等。它们表示出楼梯的形式；踏步、平台、栏杆的构造；尺寸、材料和做法。楼梯详图分为建筑详图与构造详图，应分别绘制。

（1）楼梯平面图

一般情况下，每一层都要画一张楼梯平面图。三层以上的房屋，若中间各层的楼梯位置及其梯段数、踏步数和大小相同时，通常只画底层、中间层和顶层三个平面图，如图 7-12 所示。

楼梯平面图实际是各层楼梯间的水平剖视图，水平剖切位置应在每层上行第一梯段及门窗洞口的任一位置。楼梯平面图标注楼梯间的水平长度和宽度、各级踏步的宽度、平台的宽度和栏杆扶手的位置等。各层被剖到的梯段，应按国家标准的规定，在平面图中用倾斜折断线表示。

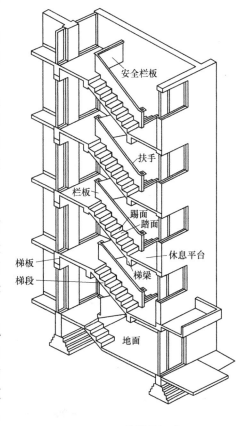

图 7-11　楼梯的组成

在各层楼梯平面图中应标注该楼梯间的轴线及编号，以确定其在建筑平面图中的位置。底层楼梯平面图还应注明楼梯剖面图的剖切符号。

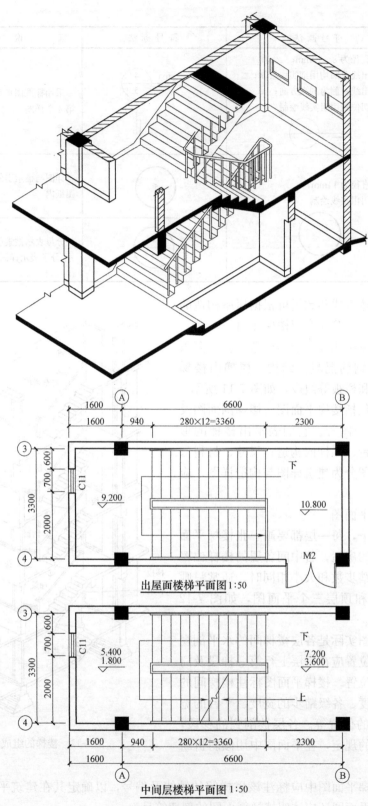

出屋面楼梯平面图 1:50

中间层楼梯平面图 1:50

图 7-12　楼梯平面图（一）

108

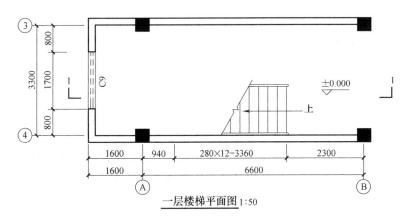

一层楼梯平面图 1:50

图 7-12　楼梯平面图（二）

楼梯平面图应用箭头表明梯段向上或向下的走向，从图 7-12 中可以看出，中间层楼梯段经剖切向下投射时，不但看到本层上行梯段的部分踏步，也看到下行梯段的部分踏步，故用箭头分别标出上和下。

楼梯平面图中要注出楼梯间的开间和进深尺寸，楼地面和平台面的标高以及各细部的详细尺寸。通常把梯段长度尺寸与踏步数、踏步宽的尺寸合写在一起。

（2）楼梯剖面图

假想用一铅垂平面通过各层的一个梯段和门窗洞将楼梯剖开，向另一未剖到的梯段方向投射，所得到的剖视图，即为楼梯剖面图。

楼梯剖面图表达楼梯的形式和结构、楼梯梯段数、步级数、各层平台及楼面的高度以及它们之间的相互关系。

楼梯剖面图中还应标注地面、平台面、楼面等处的标高和梯段、楼层、门窗洞口的高度尺寸。楼梯高度尺寸注法与平面图梯段长度注法相同。楼梯剖面图中也应标注承重结构的定位轴线及编号，如图 7-13 所示。

（3）节点详图

楼梯的节点详图主要表示栏杆、扶手和踏步的细部构造。

3. 楼梯详图的绘制

绘制楼梯详图的比例多采用 1∶50/1∶20，线型的要求与建筑平、立、剖面图相同。

（1）楼梯平面图的画法

各层楼梯平面图可采用画平行格线的方法绘制，所画的每一分格表示梯段的一级踏面。由于梯段端头一级的踏面与平台或楼面重合，所以平面图中每一梯段画出的踏面数比该梯段的级数少一，即楼梯梯段水平长度＝每一级踏面宽×梯段级数。

现以标准层楼梯平面图为例，说明其具体的作图步骤：

1）确定楼梯的长、宽及平台宽。

2）用等分平行线间距的方法分割梯段，绘出踏面。

3）绘出栏板、箭头等，并加深图线。

4）注写轴线编号，标注尺寸及标高，完成全图。

（2）楼梯剖面图的画法

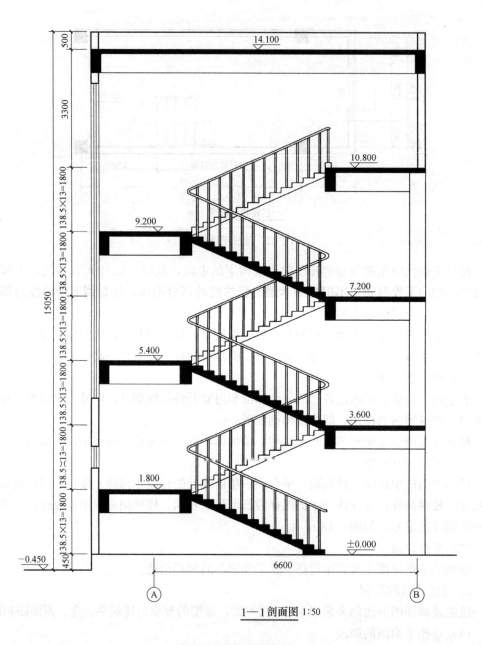

1—1剖面图 1:50

图 7-13 楼梯剖面图

各层楼梯剖面图也是利用画平行格线的方法来绘制的，所画的水平方向的每一分格表示梯段的一级踏面宽度；竖向的每一分格表示一个踏步的高度，竖向格数与梯段格数相同。

【知识拓展】

外墙身详图

外墙身详图实际上是建筑剖面图的局部放大图。外墙身详图主要表示房屋的屋面、檐口、楼地面、窗台、门窗顶、勒脚、散水的构造、形式和做法以及楼板与墙的连接关系

110

等。外墙身详图中要标注出各部位的标高及高度方向，墙身细部的大小尺寸、墙身轴线编号及详图符号等，如图7-14所示。

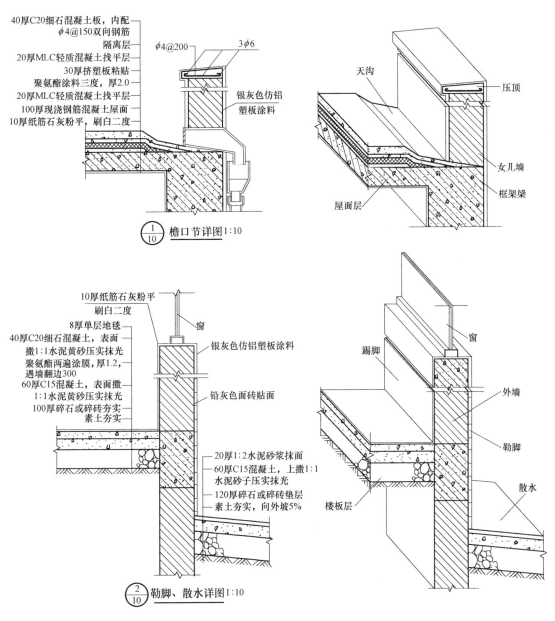

图7-14　外墙身详图

【情境小结】

1. 建筑总平面图

建筑总平面图是在画有等高线或加上坐标方格网的地形图上，以图例形式画出新建建筑、原有建筑、预拆除建筑等的外围轮廓线，建筑物周围道路、绿化区域等的平面图，加上该地区的风向频率玫瑰图和指北针，就形成总平面图。总平面图是新设计的建筑物定位、放线和布置施工现场的依据。

2. 建筑平面图

建筑平面图就是一栋房屋的水平剖视图，即假想用一水平剖切平面沿门窗洞的位置将房屋剖开，然后移去剖切平面和它以上部分，将剩余部分从上向下投射，在水平投影面上所得到的图样。

3. 建筑立面图

将房屋立面向所平行的投影面上投射，得到的图形称为建筑立面图。建筑立面图主要表达房屋的外部形状、房屋的层次和高度、门窗的形状和高度、外墙面的材料及装修做法等。

4. 建筑剖面图

建筑剖面图主要用于反映房屋内部在高度方面的情况，如屋顶的形式、楼房的层次、房间和门窗各部分的高度、楼板的厚度等。同时也可以表示出房屋所采用的结构形式。

5. 建筑详图

由于建筑平、立、剖面图所用的比例较小，房屋上许多局部构造无法表示清楚。为了满足施工的需要，必须分别将这些局部构造的形式、大小、材料及做法用较大的比例详细地绘制出来，所得到的详图称为建筑施工详图。

学习情境 8 结构施工图

【情境引入】

图 8-1～图 8-3 是三种不同结构形式的房屋示意图，其中各结构构件在结构施工图中

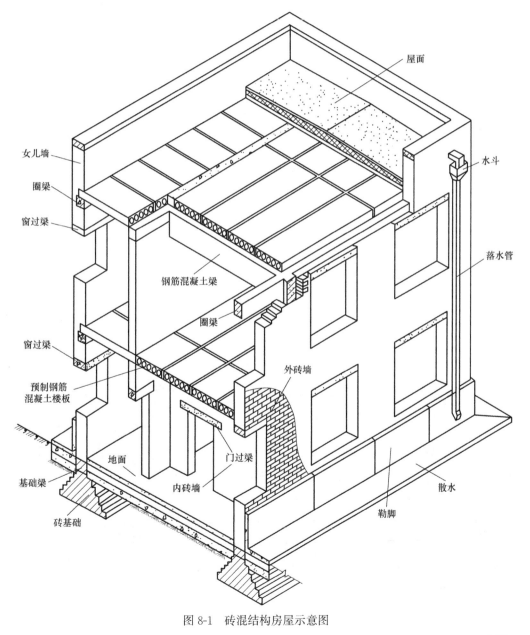

图 8-1 砖混结构房屋示意图

的平面布置及配筋应该如何表达?

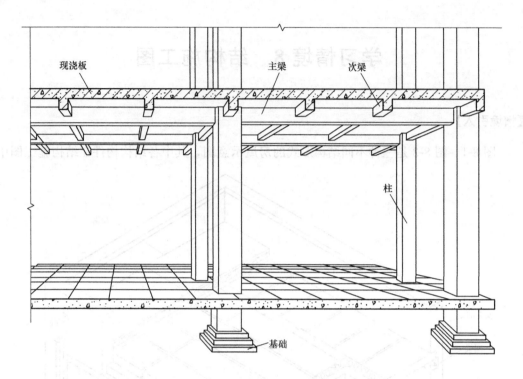

图 8-2　钢筋混凝土框架结构示意图

现浇板　主梁　次梁　柱　基础

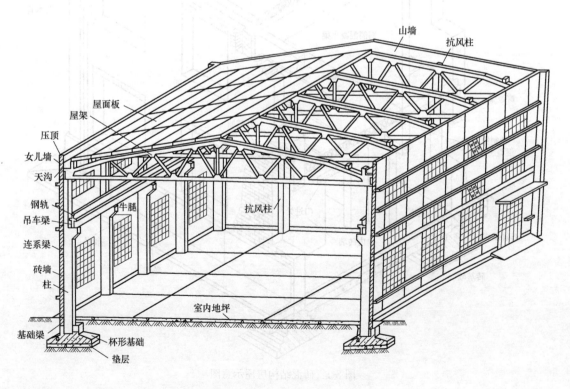

山墙　抗风柱　屋面板　屋架　压顶　女儿墙　天沟　钢轨　吊车梁　连系梁　砖墙柱　牛腿　抗风柱　室内地坪　基础梁　杯形基础　垫层

　　　图 8-3　单层工业厂房结构示意图

结构施工图是通过力学计算、结构设计等，用投影理论的基本图示方法来表达房屋建筑承重结构的布置情况以及承重构件的配筋情况等的图样。

要识读结构施工图，需要掌握的相关知识有：基础施工图、钢筋混凝土构件图、楼层结构平面布置图等。

学习单元1 概　　述

【学习目标】

(1) 了解结构施工图包含的内容。

(2) 了解钢筋混凝土结构的基本知识。

建筑物由结构构件（如墙、梁、板、柱、基础等）和建筑配件（如门、窗、阳台等）所组成。结构构件在建筑物中主要起承重作用，它们互相支承，连成整体，构成建筑物的承重结构体系，称为"建筑结构"。

在房屋设计中，除了进行建筑设计，画出建筑施工图外，还要根据建筑各方面的要求，进行结构选型和构件布置。经过变形、强度等方面的结构计算，确定建筑物各承重构件的材料、形状、大小及内部构造等，并将设计结果绘制成图样，用以指导施工，这种图样称为结构施工图，简称"结施图"。

1. 结构施工图的基本内容

房屋按主要承重构件所采用的材料不同，分为木结构、砖木结构、砖混结构、混合结构、钢筋混凝土结构、钢结构等类型。结构类型不同，结构施工图的具体内容及编排方式也各有不同，但一般都包括如下三部分：

(1) 结构设计说明

结构设计说明主要包括三个方面，即工程概述、地基及基础说明和其他说明。结构设计说明以文字说明为主，必要时附以辅助图样，其内容是全局性的。如果工程较小，结构不太复杂，可在基础平面图中加上结构设计说明，不再另写。

(2) 结构布置平面图

结构布置平面图主要包括基础平面布置图、楼层结构平面图、屋面结构平面图、圈梁布置平面图等。

(3) 构件详图

构件详图主要包括梁、板、柱等构件详图和楼梯、雨篷、阳台、屋架等结构节点详图。

2. 钢筋混凝土结构基本知识

(1) 混凝土

混凝土是一种经人工合成的建筑材料，它是由水泥作胶凝材料，以砂子、石子作骨料，加水按一定比例配合，经搅拌、成形、养护而成。混凝土抗压性能高于砖材、木材，混凝土有可塑性、耐久性、耐火性、整体性等特点且价格较低，但抗拉性能差，易产生裂缝。

（2）钢筋混凝土

为了提高混凝土的抗拉性能，使混凝土在建筑构件中得到更好应用，常在混凝土构件的受拉区内配置一定的钢材。钢材的优点是材质均匀、强度高、韧性好。由混凝土和钢筋构成整体的构件称为钢筋混凝土构件。普通钢筋的种类和符号见表 8-1。

普通钢筋的牌号和符号 表 8-1

牌　号	符　号	牌　号	符　号
HPB300	Φ	HRB400	𝚽
HRB335	𝚽	HRB500	𝚽

钢筋的形状有直的、弯的、带钩的、不带钩的，在图中以不同图例表示，见表 8-2。

一般钢筋图例 表 8-2

序号	名　称	图　例
一般钢筋		
1	钢筋横断面	·
2	无弯钩的钢筋端部	
3	带半圆形弯钩的钢筋端部	
4	带直钩的钢筋端部	
5	无弯钩的钢筋搭接	
6	带半圆弯钩的钢筋搭接	
7	带直钩的钢筋搭接	
预应力钢筋		
8	预应力钢筋或钢绞线	
9	后张法预应力钢筋断面；无粘结预应力钢筋断面	⊕
10	单根预应力钢筋断面	+
钢筋网片		
11	一片钢筋网平面图	 W-1
12	一行相同的钢筋平面图	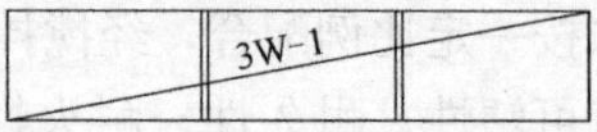 3W-1

学习单元 2 基础施工图

【学习目标】

（1）了解基础施工图的内容。
（2）掌握常见结构施工图的识读。

基础是建筑物地面以下承受建筑物全部荷载的构件。基础下面的地层为地基。为进行基础施工而开挖的土坑称为基坑。埋入地下的墙称为基础墙。基础墙下加宽放大的砌体称为大放脚。大放脚下最宽部分的一层称为垫层。室内地面下一皮砖处墙体上的防潮材料称为防潮层。它能阻止地下水因毛细作用而侵蚀地面以上的砌体。

基础可采用不同的构造形式，选用不同的材料。基础的形式一般取决于它的上部承重结构的形式，若上部由墙来承重，则下部一般为条形基础，如图 8-4 所示；若上部由柱子来承重，则下部一般为独立基础，如图 8-5 所示；若上部由框架来承重，则下部为地基梁框架基础，如图 8-6 所示；常见的基础形式还有桩基础等，如图 8-7 所示。

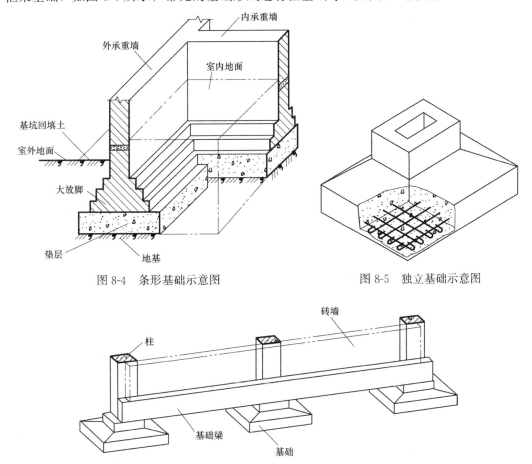

图 8-4 条形基础示意图　　　　　　图 8-5 独立基础示意图

图 8-6 地基梁框架基础示意图

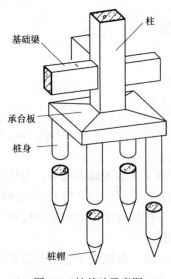

基础梁

柱

承台板

桩身

桩帽

图 8-7　桩基础示意图

1. 条形基础

砌体结构一般多以墙承受上部传递的荷载，因此基础随墙砌成条形，称为条形基础。条形基础下部宽，后逐级收缩，形成台阶形，称大放脚。大放脚使上部压力分散，大放脚的下部一般是灰土垫层或混凝土垫层，便于上部荷载均匀传递给地基，大放脚上部为基础墙，基础墙的宽度同上部墙体，在上部墙体±0.000 以下一定位置通常做一道防潮层，防止地下水因砖的毛细作用而渗入地面以上墙体。

（1）基础平面图的形成

假想用一水平剖切面，沿建筑物底层室内设计地面把整幢建筑物切开，移去上面部分，对下面部分作基槽未回填土时的投影图，所得的水平剖视图称为基础平面图。

（2）基本内容和画法

在条形基础平面图中，只画出基槽宽度以及基础墙、柱的截面，基础的细部省略不画，基础平面图的常用比例采用 1：150 或 1：200，也可采用与建筑施工图中的平面图相同的比例绘制，其轴线的编号应与建筑平面图一致。基础墙和柱的外形线应以中粗线表示，材料图例根据其比例大小决定是否绘制，基槽宽度以细实线表示，如图 8-8。

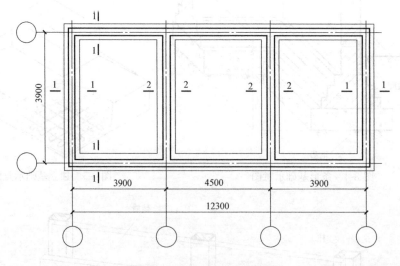

图 8-8　条形基础平面布置图

为便于施工对照，基础平面图的比例、定位轴线编号必须与建筑施工图的底层平面图完全相同。各墙承受外力的大小不同，其下所设基础的大小也不尽相同，应采用不同的编号加以区分，并画出详图的剖切位置及编号。基础平面图中还应注明地沟、过墙洞的设置情况。因设过墙洞而引起的基底下降可用移出断面图表示。

1）尺寸标注

基础平面图主要标注轴线之间的距离；轴线到垫层边、墙边的距离；垫层宽度和墙厚等尺寸。另外还要注写必要的文字说明，如混凝土、砖、砂浆的强度等级或标号等。条形基础上部墙体所受外力决定了基础形状与大小，所以基础的断面有所不同，为了区别不同形状的基础，规定在平面图上画出剖切符号，编上不同编号，并在适当位置画出相应的断面图，从图 8-8 中看到，该图中从 1-1～2-2 有 2 个编号，表示有 2 种不同截面的基础。另外，基础平面图中还应画出地沟、过墙洞等，对于因设置过墙洞而使基底变化时，可用移出断面标高表示，并在该图附近标注详尽的尺寸及标高。

2）基础详图的形成及表示方法

基础详图是表示基础形状、大小、材料、构造关系及埋置深度的垂直断面图样。图 8-9 中以 2 个基础详图表示了图 8-8 中的 2 种不同断面的基础。

基础详图通常采用 1：10 或 1：20 的比例绘制，其轴线编号对应基础平面图中的剖切位置，其外形轮廓均以中粗实线绘制，其他均为细线。轮廓线内画上相应的材料符号，并标注详尽的尺寸、标高及必要的文字说明。

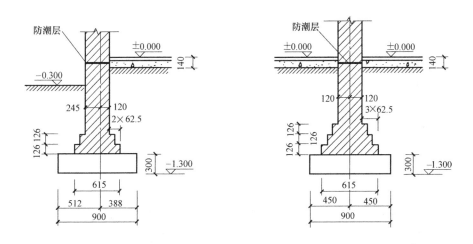

图 8-9　条形基础详图

2. 独立基础

独立基础通常为柱基础。根据上部荷载的不同或地基的承载力不同，常做成杯形基础或桩基础，这两种基础的材料均为钢筋混凝土，独立基础通常也以基础平面图和基础详图表示。虽然独立基础用钢筋混凝土制作，但由于配筋较简单，所以不单独画配筋图，常在平面模板图的左下方以波浪线为界，绘出以粗实线表示的钢筋，并标注钢筋代号、直径、间距等。

图 8-10 为独立基础平面图，图中表示了各柱基础的平面位置、基础底座尺寸及与轴线的相对位置。图 8-11 表示了独立基础的详细尺寸与配筋。

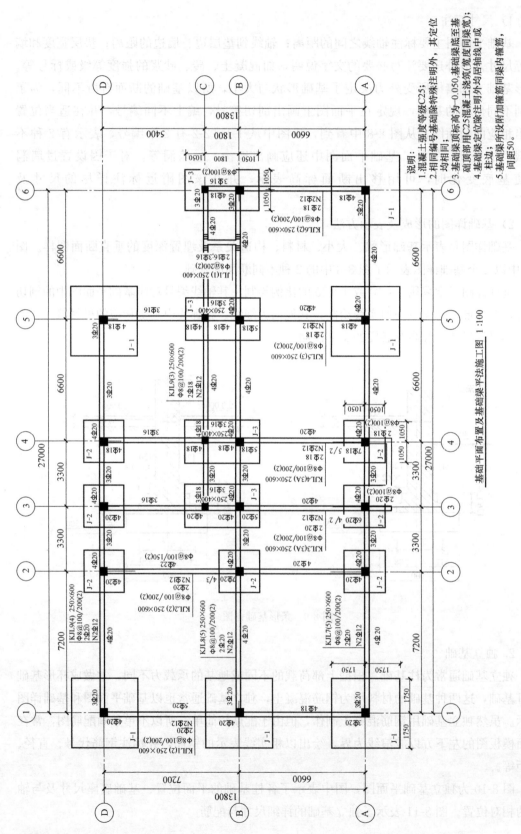

基础平面布置及基础梁平法施工图 1:100

图 8-10 独立基础平面布置图

说明：
1. 混凝土强度等级C25；
2. 相同编号基础除特殊注明外，其定位均相同；
3. 基础梁顶标高为−0.050，基础梁底至基础顶部用C25混凝土浇筑（宽度同梁宽）；
4. 基础梁定位除注明外均居中轴线中或柱边；
5. 基础梁所设附设加密筋同梁内箍筋，间距50。

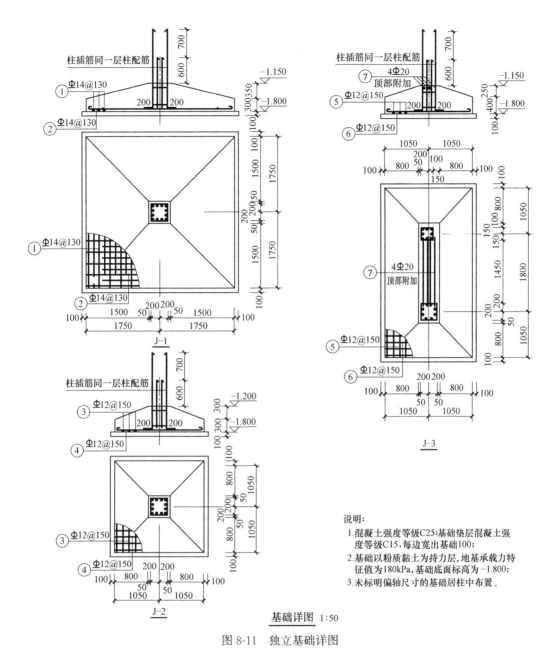

基础详图 1:50

图 8-11 独立基础详图

学习单元 3 楼层结构平面布置图

【学习目标】

(1) 了解楼层结构平面布置图的形成和图示内容。

(2) 掌握楼层结构平面布置图的识读。

结构平面布置图是表示房屋各层承重构件平面布置的设置情况及相互关系的图样,它是施工时布置或安放各层承重构件、制作圈梁和浇筑现浇板的依据，简称平面布置图。原则上每层建筑都需画出它的结构平面布置图，但一般因底层地面直接做在地基上，它的做法、材料等已在建筑详图中表明，无需再画底层结构平面布置图，因此一般民用建筑主要有楼层结构布置图和屋面结构平面布置图等。

1. 结构平面布置图的形成

结构平面布置图的形成是假想楼层板铺设或浇筑后，上面未做处理所绘制的水平投影图。它是根据各层建筑平面布置图的布置或上部结构而确定的，若各层平面布置不同，则需要绘出不同层的结构布置平面图；若各层平面布置相同，可只绘一个结构平面布置图，称为标准层结构平面布置图。

2. 结构平面布置图的内容和画法

结构平面布置图的内容除了包括墙、梁、板、柱等构件，还包括某些构件的局部剖面图、断面图、构件统计表及文字说明。常用比例为1：50或1：100，可见的墙、梁、柱的轮廓线用中粗实线表示，不可见的墙、梁、柱用中粗虚线表示，门窗洞口省略不表示。如若干部分相同时，可只绘一部分，并用大写拉丁字母（A、B、C……）外加直径8～10mm的细实线圆圈表示相同部分的分类符号。图8-12表示了楼层板下面的墙、梁、柱

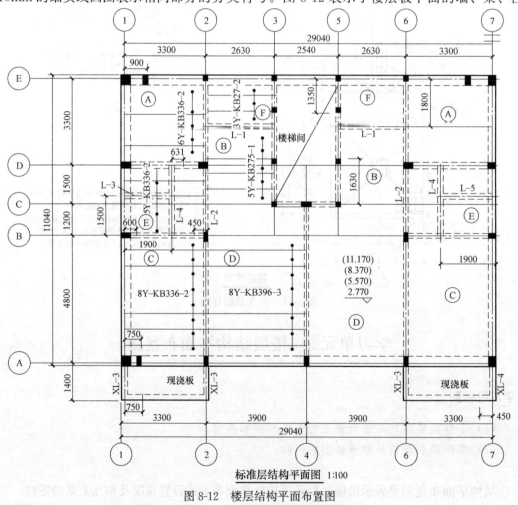

标准层结构平面图 1:100

图8-12　楼层结构平面布置图

122

及阳台的投影，预制楼板的平面布置如图中①～④轴线之间图形所示，细水平线表示板的布置情况，垂线一侧注写的数字依次是楼板的数量、楼板代号、楼板长度及荷载级别，如8Y-KB336-2 的 8 表示板数为 8 块，Y-KB 表示预应力空心板，33 表示板长为 3300mm，2 表示板的荷载级别。

3. 结构平面布置图的尺寸标注

结构平面布置图上标注的尺寸较简单，仅标注与建筑平面图相同的轴线编号和轴线间尺寸、总尺寸及一些次要构件的定位尺寸、结构标高。

学习单元 4　钢筋混凝土构件详图

【学习目标】

（1）了解钢筋混凝土构件详图的内容。

（2）掌握钢筋混凝土梁、柱、板构件详图的识读。

工程中常用的钢筋混凝土构件有梁、柱、板、框架等，施工图中常以模板图、配筋图来表示它们的形状、尺寸大小、配筋及材料等，作为绑扎钢筋、设置预埋件、浇筑构件的依据。民用建筑中由于构件外形简单，故只绘制配筋图并配置钢筋表。

由于钢筋混凝土构件可用于各种受力构件，组成各种结构体系，建造各种建筑，所以它已成为现代工程建设中的主要结构形式。钢筋混凝土构件中的钢筋，在构件中的作用不同，其形状和排放位置也不同，因而常分为以下几种：

（1）受力钢筋。在构件中抵抗因压弯引起的拉力，即承受拉压应力的钢筋。

（2）弯起钢筋。其作用基本同受力钢筋，但为了避免梁两端因反作用力而产生斜裂缝，故将某些受力筋在梁两端按一定角度弯起。

（3）架立筋。为固定构件内受力筋和箍筋的位置，保证构件浇筑时形状不变而设立的钢筋。

（4）箍筋。为固定受力筋的位置而设置，并抵抗构件受力不均匀时产生的扭力及剪力而均匀布置的钢筋。

（5）分布筋。分布在板内用于固定受力筋位置并抵抗因温度变化而引起的计算应力而设置的钢筋。

（6）构造筋。因构造要求或施工安装要求配置的一定数量的非受力筋。

1. 钢筋混凝土梁

钢筋混凝土梁一般外形较为简单，如图 8-13 所示，仅需用配筋图和钢筋明细来表示，配筋图包括立面图和断面图，有时还加画钢筋分离图。

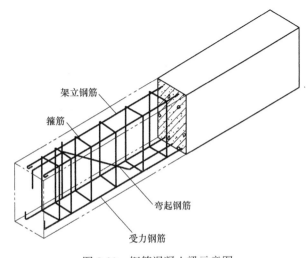

图 8-13　钢筋混凝土梁示意图

123

（1）梁的立面图

如图 8-14 所示，该梁为现浇钢筋混凝土梁，两端由砖墙支撑，由于梁的长度较大，故立面图采用较小的比例绘制，梁的可见轮廓以细实线表示，梁内的钢筋以粗实线表示，箍筋以中粗线表示，并对其所有钢筋进行编号，并注写钢筋根数、等级、直径和间距。从图中可看出，该梁共有 4 种不同编号的钢筋。

①号钢筋在梁的底部为受力筋，2Φ12 表示有 2 根 HPB300 级钢筋，直径为 12mm；②号钢筋为弯起钢筋，以 1Φ12 表示，说明梁底部还有 1 根 HPB300 级钢筋，直径为 12mm；③号钢筋在梁的上部是架立筋，2Φ6 表示有 2 根 HPB300 级钢筋，直径为 6mm；④号钢筋为箍筋，表示箍筋为 HPB300 级钢筋，直径为 6mm，且在整个梁长度方向每间隔 200mm 均匀排放。梁的立面图需标注支撑梁的墙及轴线间距离，标注梁的总长度尺寸、梁的高度尺寸、弯起钢筋开始弯起的位置及梁底标高。

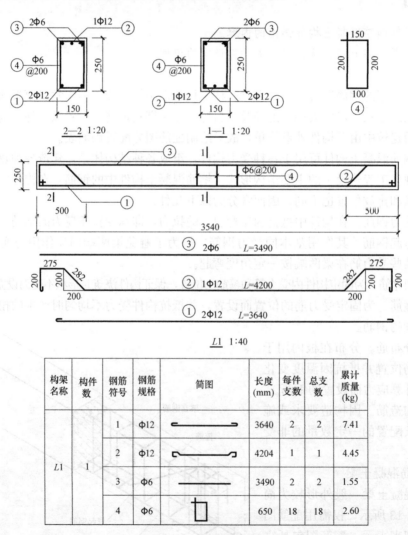

构架名称	构件数	钢筋符号	钢筋规格	简图	长度(mm)	每件支数	总支数	累计质量(kg)
L1	1	1	Φ12		3640	2	2	7.41
		2	Φ12		4204	1	1	4.45
		3	Φ6		3490	2	2	1.55
		4	Φ6		650	18	18	2.60

图 8-14　钢筋混凝土梁

（2）梁的断面图

梁断面图的高和宽远小于梁的长度，因此其断面图采用较大比例，断面外轮廓线以细实线表示，断面图不画材料符号，钢筋的断面用小黑点表示，箍筋用中粗实线表示，断面图上需标注梁的高度和宽度尺寸，并标注与立面图相同的钢筋符号。从该断面图可知：①号钢筋位于梁底部的两侧；②号钢筋由1-1断面图看到它在梁底部的中间，从2-2断面图看到它在梁上部中间，可见它是弯起钢筋；③号钢筋在上部两侧为架立筋；④号钢筋为箍筋。①～④号钢筋的形状尺寸可从钢筋分离图中得知。

（3）钢筋明细表

为便于施工预算，统计材料，需列出钢筋明细表，表中列出构件代号、钢筋编号、规格、根数、长度、总长度，并画出钢筋简图，有必要时在备注栏写明保护层厚度等，以保证施工准确性。

2. 钢筋混凝土柱

钢筋混凝土柱一般外形较为简单，其表示方法与钢筋混凝土梁类似，若为工业厂房的钢筋混凝土柱，如图8-15所示，其外形相对复杂，钢筋配置多，还有一些预埋件，就需要画出模板图和配筋图。

如图8-16所示是一单层工业厂房的预制钢筋混凝土柱详图，它由模板图、立面配筋图和断面配筋图组成。该柱中上部右端突出部分称为牛腿，以牛腿为界，其下部称为下柱，上部称为上柱。

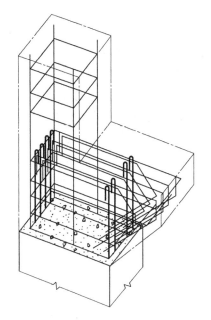

图 8-15　钢筋混凝土柱示意图

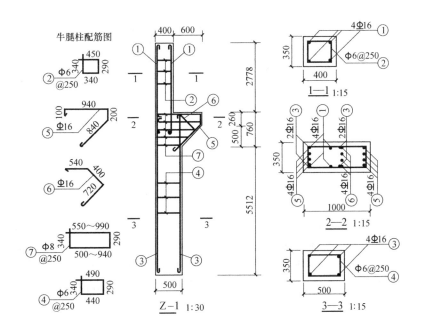

图 8-16　钢筋混凝土牛腿柱配筋图

125

（1）柱的模板图

模板图主要表示柱的外形、尺寸、标高以及预埋件的位置，作为制作、安装模板和预埋件的依据。从图 8-16 看到该柱子总长 9050mm，下柱宽 500mm，上柱宽 400mm，牛腿的尺寸大小见图中标注。模板图上还需标注柱顶面、柱底面及牛腿顶面标高。

（2）柱的配筋图

柱的配筋图包括立面图和断面图，如图 8-16 所示，柱的立面图与模板图采用相同比例，断面图用较大比例画出，外轮廓用细实线表示，钢筋用粗实线表示。柱的立面图与梁的立面图类似，同样要标注钢筋编号、根数、等级、直径和间距。从图中可看出：上柱①号钢筋为 4 根 HRB335 级钢筋，直径 16mm；下柱③号钢筋为 4 根 HRB335 级钢筋，直径 16mm；牛腿处的⑤号钢筋为 8 根直径 16mm 的 HRB335 级钢筋；②、④、⑦号钢筋均为箍筋，它们分别位于上柱、牛腿和下柱。柱的断面图表示方法与梁的断面图类似，该柱分别在上柱、牛腿处和下柱处各有一断面图，从断面图可知该柱厚为 400mm。从 2-2 断面图可知，牛腿处的配筋为两部分，其中③号钢筋是由下柱伸上来的，⑤号钢筋弯成牛腿形状，⑦号钢筋为箍筋，箍筋的大小随牛腿形状而改变。

3. 钢筋混凝土板

钢筋混凝土板常见的有现浇钢筋混凝土板与预制钢筋混凝土板。图 8-17 为现浇钢筋混凝土板。板的外形简单，施工图仅需画出配筋图，将其断面图重合在其中，并涂黑表示板、梁、圈梁厚度，如图 8-17 所示。

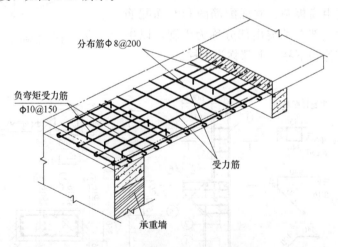

图 8-17 现浇钢筋混凝土板示意图

现浇钢筋混凝土板配筋图通常以 1：100 比例画出，在图中应画出与建筑平面图一致的定位轴线，并标注编号和轴线间尺寸。用细实线画出板的轮廓线，用虚线画出板下不可见的墙、梁、柱等的轮廓，不画门窗洞，以粗点画线表示梁的中心位置，板中配置的钢筋用粗实线画出，并注明编号、钢筋等级、直径、间距，其数量可由钢筋排放中心距算出。

【知识拓展】

钢筋混凝土楼梯构件图

在建筑施工图的详图中，已经了解了楼梯的构造，楼梯间大小、梯段长度、踏步的尺寸、楼梯梁的截面大小等，但钢筋混凝土楼梯的构件图还需在结构施工图中表示，其中包括梯段板、楼梯梁及平台板配筋、断面大小等。通常，对于装配式楼梯需画出楼梯的结构平面图和构件剖面图，对于现浇式楼梯需画出楼梯的结构平面布置图和结构剖面图。当楼梯构造较简单时，也有以建筑平面图或建筑剖面图作示意图，配合构件详图来表示楼梯施工图。

【情境小结】

1. 结构施工图

在房屋设计中，除了进行建筑设计，画出建筑施工图外，还要根据建筑各方面的要求，进行结构选型和构件布置。经过变形、强度等方面的结构计算，确定建筑物各承重构件的用材、形状、大小及内部构造等，并将设计结果绘制成图样，用以指导施工，这种图样称为结构施工图，简称"结施图"。

2. 基础平面图

假想用一水平剖切面，沿建筑物底层室内设计地面把整幢建筑屋切开，移去上面部分，对下面部分作基槽未回填土时的投影图，所得的水平剖视图称为基础平面图。

3. 结构平面布置图

结构平面布置图是表示房屋各层承重构件平面布置的设置情况及相互关系的图样，它是施工时布置或安放各层承重构件、制作圈梁和浇筑现浇板的依据，简称平面布置图。

4. 钢筋混凝土构件详图

工程中常用的钢筋混凝土构件有梁、柱、板、框架等，施工图中常以模板图、配筋图来表示它们的形状、尺寸大小、配筋及材料等，作为绑扎钢筋、设置预埋件、浇筑构件的依据，民用建筑中由于构件外形简单，故只绘制配筋图并配置钢筋表。

学习情境 9　室内给水排水工程图

【情境引入】

建筑给水排水是建筑物不可缺少的组成部分。建筑内部的给水系统是将城镇给水管网或自备水源给水管网的水引入室内，经配水管网送至生活、生产和消防用水设备，并满足各用水点对水量、水压和水质要求的冷水供应系统。建筑室内排水是将建筑物内部生活用水的污废水、生产污废水、建筑屋顶的雨雪水收集后排到室外排水系统中。

【案例导航】

图 9-1 是一栋三层住宅建筑，要更加准确地将这栋建筑中给水排水系统表达在图纸上，需要绘制给水排水管道、附件、卫生器具等的位置和尺寸。为了便于识图，需要多个平面、立面、剖面的配合才能够完成，这样反倒增加了绘图和识图的难度。因此，给水排

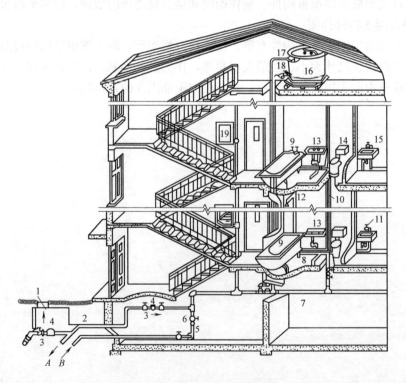

图 9-1　建筑室内给水排水系统

1—阀门井；2—引入管；3—闸阀；4—水表；5—水泵；6—止回阀；7—干管；8—支管；9—浴盆；10—立管；
11—水龙头；12—淋浴器；13—洗脸盆；14—大便器；15—洗涤盆；16—水箱；17—进水管；18—出水管；19—消火栓；
A—入储水池；B—来自储水池

128

水工程图的表达一般由平面图、轴测图、详图等配合表达，这样才能更准确的表达设计者的意图，使施工人员能清楚看到建筑室内给水排水系统的空间位置关系和尺寸，更加准确指导施工。因此，图纸作为工程技术界的语言，清楚地表达建筑是非常重要的。

想要看懂给水排水工程图，需要掌握的知识有：

（1）给水排水工程图概述。

（2）室内给水排水平面图。

（3）室内给水排水系统图。

学习单元 1　给水排水工程图概述

【学习目标】

（1）掌握给水排水工程及工程图的组成。

（2）掌握给水排水工程图的图示特点。

给水排水工程图与其他专业工程图一样，要符合投影原理和视图、剖面图和断面图等基本画法的规定。另外，由于给水排水工程图的主要表达对象是各类管道，这些管道的基本特点是：截面形状简单规则；管道长度远远超过管道的直径；分布范围广，纵横交叉，相互连接；管道附件众多；这些附件与附属设备一般都有标准的规则和基本统一尺寸，所以国家标准制定了许多图例。

1. 给水排水工程和给水排水工程图

给水排水工程包括给水工程和排水工程两部分。给水工程是指从水源取水，再经输水管网输送、给水处理、配水管网输送，最后到达各个用户使用等工程。排水工程是指生活污水和生产废水排除后，通过管道汇流、污水处理后，再循环利用或排入江河等工程。给水排水工程均包括室内工程、室外工程两部分，如图 9-2 所示。

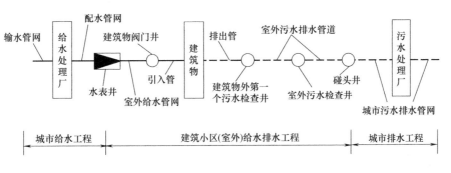

图 9-2　给水排水系统的组成

（1）给排水工程图的组成

给水排水工程图是表达室内外给水排水工程设施的结构形状、大小、位置、材料以及有关技术要求等的图样，以供技术交流和施工人员按图施工。

1）室内给水排水工程图

室内给水排水工程图是用来表示卫生器具、管道及附件的类型、大小及其在建筑物中的位置、安装方法等的图样。其主要包括室内给水排水平面图、给水排水系统图、设备详图和施工说明等。

2）室外给水排水工程图

室外给水排水工程图表示一个区域的给水和排水系统。其由室外的给水排水平面图、管道纵断面图及附属设备（如泵站、检查井、闸门）等工程图组成。

3）水处理设备构筑物工艺图

水处理设备构筑物工艺图主要表示给水处理厂、污水处理厂等各种水处理设备构筑物（如澄清池、曝气池、过滤池等）的全套施工图。其包括平面布置图、流程图、工艺设计图和详图等。

本教材仅介绍室内给水排水工程图。

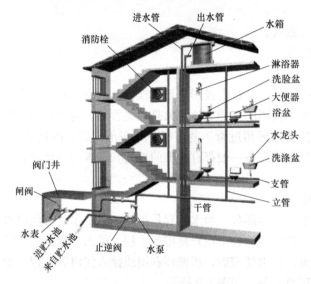

图 9-3　室内给水系统的组成

（2）室内给水排水系统的组成

1）室内给水系统的组成

室内给水系统是从室外给水管网，引水到建筑物内部各种配水龙头、生产机组和消防设备等各用水点的给水管道系统。其按用途可分为：生活给水系统、生产给水系统和消防给水系统三部分，如图 9-3 所示。

① 引入管

引入管是由室外给水系统引入室内给水系统的一段水平管道，也称为进户管。

② 水表节点

水表节点是对引入管上设置的水表及前后设置的阀门、泻水装置等的总称。所有装置一般均设置在水表井内。

③ 管道系统

管道系统是指室内给水水平或垂直干管、立管、支管等。

④ 给水附件及设备

给水附件、设备是指管道上的闸阀、止回阀及各式配水龙头和分户水表等。

⑤ 升压和储水设备

当用水量大，水压不足时，应设置水箱和水泵等升压、储水设备。

⑥ 消防设备

按照建筑物的防火等级要求需要设置消防给水时，一般应设置消火栓等消防设备，有特殊要求时，另装设自动喷洒消防或水幕设备。

2）室内排水系统的组成

室内排水系统把室内各用水点的污水（废水）和屋面雨水排出到建筑物外部的排水管道系统。民用建筑室内排水系统通常指排除生活污水。排除雨水的管道应单独设置，不与生活污水合流。排水系统的组成如图9-4所示。

室内排水系统的组成如下：

① 卫生器具或生产设备受水器

② 排水横管

指连接各卫生器具的水平管道，应有一定的坡度指向排水立管。当卫生器具较多时，应设置清扫口。

③ 排水立管

指连接排水横管和排出管之间的竖向管道。立管在底层和顶层应设置检查口，多层房屋应每隔一层设置一个检查口，检查口距楼、地面高1m。

④ 排出管

指连接排水立管将污水排出室外检查井的水平管道，向检查井方向应有一定坡度。

⑤ 通气管

设置在顶层检查口以上的一段立管，用来排出臭气，平衡气压，防止

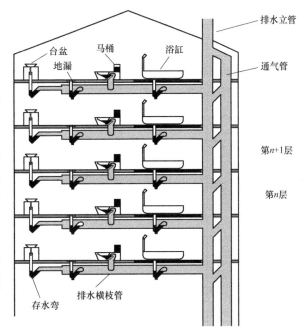

图9-4 室内排水系统的组成

卫生器具水封破坏，使室内排水管道中散发的臭气和有害气体排到大气中去。通气管应高出屋面0.3m以上，并大于积雪厚度，通气管顶端应设置通气帽。

⑥ 检查井或化粪池

生活污水由排出管引向室外排水系统之前，应设置检查井或化粪池，以便将污水进行初步处理。

2. 室内给水排水工程图的图示特点

给水排水专业制图除应遵照《建筑给水排水制图标准》GB/T 50106—2010 外，还要符合《房屋建筑制图统一标准》GB/T 50001—2017，以及国家现行的有关强制性标准的规定。

（1）给水排水专业制图常用的图例应符合规定。常用的图例可参考表9-1。

给水排水工程图常用图例   表9-1

名　　称	图　　例	备　　注
生活给水管	——— J ———	
废水管	——— F ———	可与中水源水管合用
污水管	——— W ———	
雨水管	——— Y ———	
管道立管	XL-1 ⊸—— 平面　 XL-1 | 系统	X:管道类别 L:立管　I:编号
管道交叉		在下方和后面的管道应断开

131

名　称	图　例	备　注
三通连接		
四通连接		
存水弯		
立管检查口		
通气帽	↑成品　铅丝球	
圆形地漏		通用,如为无水封,地漏应加存水弯
自动冲洗水箱		
法兰连接		
承插连接		
活接头		
管堵		
法兰堵盖		
闸阀		
截止阀	$DN \geqslant 50$　　$DN < 50$	
浮球阀	平面　　系统	
放水龙头		左侧为平面,右侧为系统
立式洗脸盆		
浴盆		

続表

名　称	图　例	备　注
盥洗槽	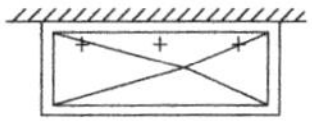	不锈钢制品
污水池		
坐式大便器	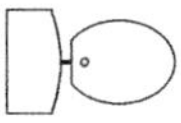	
小便槽	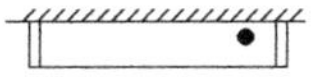	
淋浴喷头		
矩形化粪池	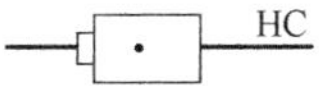 HC	HC 为化粪池代号
阀门井检查井	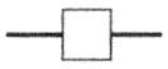	
水表		

（2）给水排水专业制图常用的各种线型线宽应符合规定。图线的宽度 b，应根据图纸类别、比例和复杂程度，按《房屋建筑制图统一标准》GB/T 50001—2017 中的规定选用。线型线宽可参考表 9-2。

给水排水线型线宽　　表 9-2

名称	线　型	线宽	用　途
粗实线		b	新设计的各种排水和其他重力流管线
粗虚线		b	新设计的各种排水和其他重力流管线的不可见轮廓线
中粗实线		$0.75b$	新设计的各种给水和其他压力流管线；原有的各种排水和其他重力流管线
中粗虚线		$0.75b$	新设计的各种给水和其他压力流管线及原有的各种排水和其他重力流管线的不可见轮廓线
中实线		$0.5b$	给水排水设备、零（附）件的可见轮廓线；总图中新建的建筑物和构筑物的可见轮廓线；原有的各种给水和其他压力流管线
中虚线		$0.5b$	给水排水设备、零（附）件的不可见轮廓线；总图中新建的建筑物和构筑物的不可见轮廓线；原有的各种给水和其他压力流管线的不可见轮廓线
细实线		$0.25b$	建筑的可见轮廓线；总图中原有的建筑物和构筑物的可见轮廓线；制图中的各种标注线
细虚线		$0.25b$	建筑的不可见轮廓线；总图中原有的建筑物和构筑物的不可见轮廓线
单点长画线		$0.25b$	中心线、定位轴线

133

名称	线 型	线宽	用 途
折断线	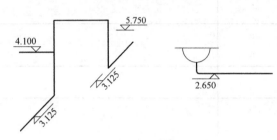	0.25b	断开界线
波浪线		0.25b	平面图中水面线；局部构造层次范围线；保温范围示意线等

图 9-5 管道标高的表示

（3）室内给水排水工程图应标注相对标高；室外给水排水工程图宜标注绝对标高，当无绝对标高资料时，可标注相对标高，但应与总图专业一致，如图9-5所示。在建筑工程中，管道也可标注相对本层建筑地面的标高，标注方法为 $h+\times.\times\times\times$，$h$ 表示本层建筑地面标高（如 $h+0.250$）。

（4）给水排水专业制图常用的比例宜符合表 9-3 的规定，在建筑给水排水轴测图中，如局部表达有困难时，该处可不按比例绘制。

常用比例   表 9-3

名 称	比 例	备 注
区域规划图 区域位置图	1：50000、1：25000、1：10000、 1：5000、1：2000	宜与总图专业一致
总平面图	1：1000、1：500、1：300	宜与总图专业一致
管道纵断面图	纵向：1：200、1：100、1：50 横向：1：1000、1：500、1：300	
水处理构筑物、设备间、 卫生间、泵房平、剖面图	1：500、1：200、1：100	
建筑给水排水平面图	1：200、1：150、1：100	宜与建筑专业一致
建筑给水排水轴测图	1：150、1：100、1：50	宜与相应图纸一致
详图	1：50、1：30、1：20、1：10、 1：5、1：2、1：1、2：1	

（5）管径应以"mm"为单位，管径的表示如下所示：

1）水煤气输送钢管（镀锌或非镀锌）、铸铁管等管材，管径宜以公称直径 DN 表示（如 $DN15$、$DN50$）。

2）无缝钢管、焊接钢管（直缝或螺旋缝）、铜管、不锈钢管等管材，管径宜以外径 $D\times$壁厚表示（如 $D108\times4$、$D159\times4.5$ 等）。

3）钢筋混凝土（或混凝土）管、陶土管、耐酸陶瓷管、缸瓦管等管材，管径宜以内径 d 表示（如 $d230$、$d380$ 等）。

4）塑料管材，管径宜按产品标准的方法表示。

5）当设计均用公称直径 DN 表示管径时，应有公称直径 DN 与相应产品规格对

134

照表。

单根管道时，管径应按图 9-6 的方式标注，多根管道时管径应按图 9-7 的方式标注。

图 9-6　单根管径表示方法　　　　　图 9-7　多根管径表示方法

（6）当建筑物的给水引入管或排水排出管的数量超过 1 根时，宜进行编号，编号宜按图 9-8（a）所示的方法表示。建筑物内穿越楼层的立管，其数量超过 1 根时，宜进行编号，编号宜按图 9-8（b）所示的方法表示。

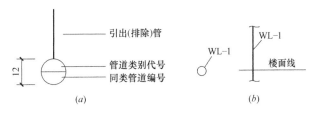

图 9-8　给水引入（排水排出）管编号表示方法

（7）管道类别应以汉语拼音字母表示，用 J 作为给水管的代号，用 W 作为污水管的代号。给水排水工程图的管道、附件、卫生器具等，采用统一的图例符号来表示，不画出其真实的投影图。

（8）由于给水排水管道在平面图上很难区分空间走向，所以一般都采用轴测图（正面斜等测轴测图）的方法绘制，直观的画出给水排水管道空间走向，也称为系统图。识读时，应将平面图与系统图对照查阅。

学习单元 2　室内给水排水平面图

【知识目标】

（1）掌握给水排水平面图的特点。

（2）掌握给水排水平面图绘制方法。

建筑给水排水工程图是表示房屋内部的卫生设备、用水器具的种类、规格、安装位置、安装方法及其管道的配置情况和相互关系的图样。它主要包括给水排水平面图、给水排水系统图、设备安装详图和施工说明等配套组成的施工工程图。

1. 室内给水排水平面图的概念

室内给水排水平面图主要表示给水管（包括引入管、给水干管、支管等）、排水管（包括排水横管、排水立管、排出管等）、卫生器具、管道附件、地漏等的平面布置图。凡需用水的房间，均需绘制不同层的给水排水平面图，如图 9-9 所示。

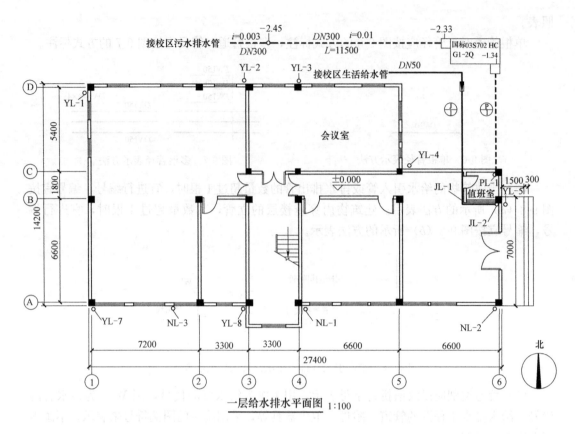

一层给水排水平面图 1:100

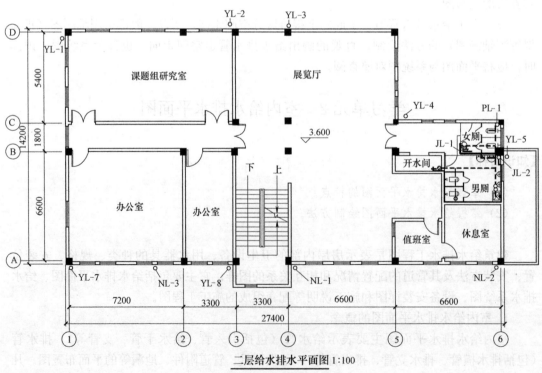

二层给水排水平面图 1:100

图 9-9　给水排水平面图（一）

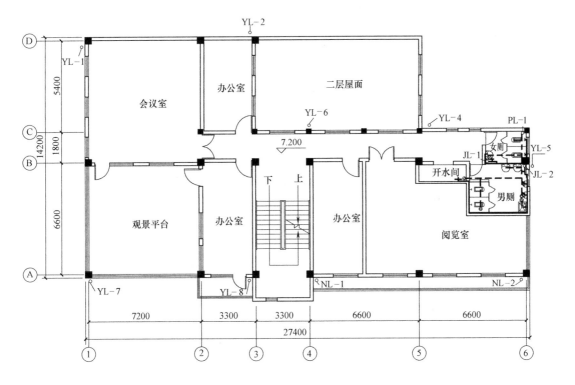

三层给水排水平面图 1:100

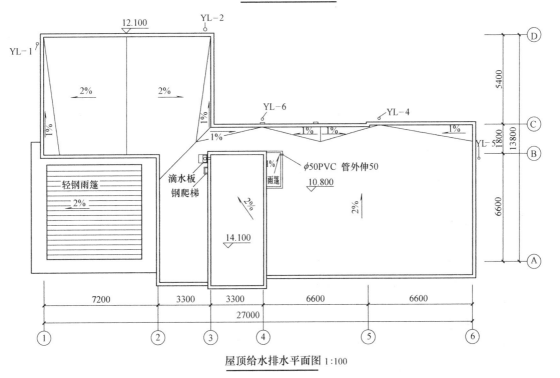

屋顶给水排水平面图 1:100

图 9-9　给水排水平面图（二）

137

室内给水排水平面图的图示特点为：

（1）比例

绘图比例一般应与建筑平面图中的比例相同。

（2）图中画出建筑平面图的内容

建筑物的轮廓线、轴线号、房间名称等均应与建筑施工图一致，用细实线绘制。

建筑平面图的内容一般只抄绘墙身、柱、门、窗洞、楼梯等主要构配件，对于房屋的细部、门窗代号等均可略去，如图9-9所示。另外，底层平面图中的室内管道需与室外管道相连，所以，必须单独画出一个完整的底层平面图；其他楼层平面图只需抄绘与卫生设备和管道布置有关的平面图，需注明定位轴线的编号及轴间尺寸等。

（3）卫生设备和器具

按图例绘制，按中实线线宽绘制。

（4）给水排水管道的平面位置

在给水排水平面图中，要注出各管道的管径，底层给水排水平面图中要画出给水引入管、污水排出管的位置，并标注管径。立管应按管道类别和代号自左至右分别进行编号，且各楼层一致；消火栓可按需要分层按顺序编号。±0.000标高层平面图应在右上方绘制指北针。

1）对于给水管道，以粗实线表示水平管（包括引入管和水平横管），以小圆圈表示立管。底层平面图中要画出引入管。

2）对于排水管道，以粗虚线表示水平管道（包括排水横管和排出管），以小圆圈表示排水立管，底层平面图中要画出排出管。

3）给水排水管的管径尺寸以"mm"为单位，并用公称直径 DN 表示，标注位置如图9-6、图9-7所示。

4）引入管、排出管应注明与建筑轴线间的定位尺寸、穿建筑外墙标高、防水套管形式。

5）安装在下层空间或埋设在地面下为本层使用的管道，可绘制在本层平面图上；如有地下层，排出管、引入管、汇集横干管可绘制在地下层内。

（5）尺寸和标高

水平方向尺寸，一般在底层管道平面图中只需标注轴线间尺寸，标高只需标注室外地面的整平标高和各层的地面标高。平面图中一般不标注管道的坡度、管径和标高，而在管道系统图中标注。

（6）图例和施工说明

为了施工人员便于施工，无论是否采用标准图例，图中最好均绘出各种管道及卫生设备等的图例，并用文字说明对施工的要求等。通常图例和施工说明，均列在底层给水排水平面图后面。

2. 给水排水平面图的画图步骤

以底层给水排水平面图为例，对画图步骤进行介绍。

（1）首先抄绘建筑施工图中的底层平面图。

绘建筑平面图的步骤为：先画轴线，再画墙身和门窗洞，最后画其他构配件及卫生器具平面图。

（2）在底层平面图中，画出管道布置平面图，并按规定的线宽进行加深。

画管道布置平面图时，先画立管，再画出引入管和排出管，最后按水流方向画出支管和附件。给水管一般画至设备的放水龙头或冲洗水箱的支管接口；排水管一般画至各设备的污水排泄口。

学习单元 3　室内给水排水系统图

【学习目标】

（1）掌握给水排水系统图的特点。

（2）掌握给水排水系统图绘图方法。

系统图是按轴测投影图的方法绘制的图样，其主要功能是配合平面图反映整个系统的管道及设备连接情况，用于指导施工。如立管的设计、各层横管与立管间连接点的连接关系、设备和器具的设计以及其在系统中所处的位置等。系统图反映室内给水排水系统的工艺及原理，表达在平面图中难以表示清楚的内容。

1. 室内给水排水系统图的概念

管道平面图主要显示室内给水排水设备的水平布置。管道系统图，既反映各管道系统的空间走向，也能反映各管道附件在管道上的位置。一般卫生间支管还需绘制大样图，如图 9-10、图 9-11 所示。

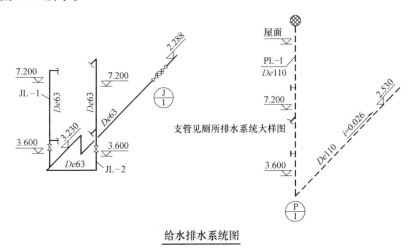

给水排水系统图

注：排水支管见厕所排水系统大样图；给水支管见厕所给水系统大样图。

图 9-10　给水排水系统图

2. 室内给水排水系统图的图示特点

（1）比例

与室内给水排水平面图的比例相同，按其比例不易表示清楚时，以能表达清楚的比例绘制。

（2）变形系数

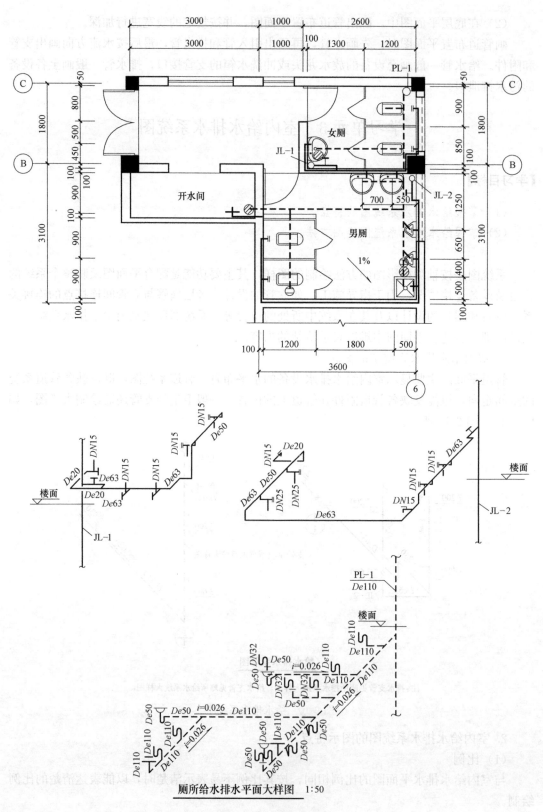

厕所给水排水平面大样图 1:50

图 9-11 卫生间大样图

为了完整全面反映管道系统，选用轴测图来绘制管道系统，称为给水排水系统图。习惯上采用45°正面斜等测来绘制室内给水排水系统图，如图9-12所示。

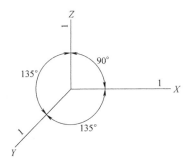

图9-12　正面斜等测图

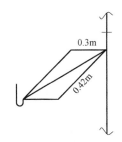

图9-13　不平行坐标轴的
管道的定位

由于系统图在绘制时，通常选用与给水排水平面图相同的比例，沿坐标轴X、Y方向的管道，不仅与相应的轴测轴平行，而且可直接从给水排水平面图中量取长度；平行于OZ轴的管道，系统图中则与OZ轴平行，且可按实际高度以相同比例绘出；凡不平行坐标轴方向的管道，可用坐标来定位，确定管道的两个端点，然后再连接两个端点得到，如图9-13所示。

（3）管道系统

管道系统是指按照给水排水平面图中进出口编号分成的管路系统。每一管道的系统图应该进行编号，且编号应与底层给水排水平面图中管道的进出口编号一致。

立管上的引入管或排出管在该层水平画出。支管上的用水或排水器具另有详图时，其支管可在分户水表后断掉，并注明详见图号。楼地面线，管道阀门及附件，各种设备及构筑物均应示意绘出，如图9-11所示。

（4）线型、图例及省略画法

用粗实线绘制给水系统图，用粗虚线绘制排水系统图。

管道系统中的配水器具、卫生器具、管道附件等，选用中粗线型，用图例画出。相同布置的各层，可只将其中一层完整画出，其他各层则在立管分支处用折断线表示。

（5）房屋构件的位置

为了反映管道与房屋的联系，在管道系统图中还要画出被管道穿过的墙面、梁、地面、楼面和屋面的位置，这些构件的图线均用细线画出，剖面线的方向按剖面轴测图的剖面线方向绘制。系统的引入管、排出管需标出穿墙轴线号。

（6）系统图中管道交叉、重叠时的图示方法

当管道在系统图中交叉时，可见的管道应画成连续的，而不可见的管道则应画成断开的。当在同一系统中的管道因互相重叠和交叉而影响系统图的清晰时，可将一部分管道平移至空白的位置画出，称为移置画法，如图9-14所示，断开处应画上断裂符号，并注明连接处的相应连接符号"A"，以便对照读图。

（7）管径、坡度和标高

管道系统图中的立管、横管均应标注所有管段的管径、坡度和标高。

1）各管道的直径可直接标注在该管段旁边或引出线上，管径尺寸应以"mm"为单

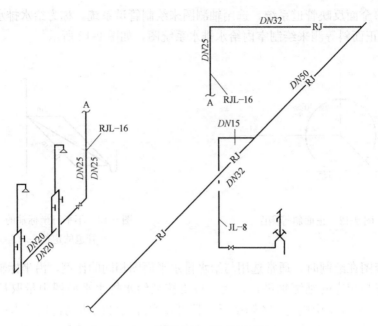

图 9-14　管道重叠时的移置画法

位，室内给水排水管道应标注公称直径。

2）给水系统的管路是压力流，可不标注坡度大小。排水系统的管路一般都是重力流，在排水横管的旁边要标注坡度，坡度可标注在管段旁边或引出线上，数字下边的单面箭头表示坡向（指向下坡方向）。当排水横管采用标准坡度时，在图中可省略不注，而在施工说明中写明即可。

3）标高应以"m"为单位，宜注写到小数点后第三位。室内给水排水系统图中标高一般采用相对标高（也可标注距楼地面尺寸）。在系统图的左端，注明楼层数和建筑标高；排水立管上的检查口及通气帽要注明距楼地面或屋面的高度。给水系统图中，一般还要标注出横管、阀门、放水龙头、水箱等各部位的标高。排水系统图中，一般还要标注立管的管顶、排出管的起点标高，室外地面的标高。其他横管的标高由卫生器具的安装高度和管件的尺寸来决定，不必标注。

3. 室内给水排水系统图的画图步骤

给水排水系统图采用正面斜等测系统绘制，画图时要注意管道的方向，立管垂直绘制，前后方向管道倾斜 45° 绘制，左右方向水平绘制。绘制的步骤如下：

（1）先画出各系统的立管。

（2）画出各层的楼地面及屋面线。

（3）在立管上引出各横向的连接管段。对于给水系统，先画出进户管（引入管），再画从立管上引出的横支管，从各支管画到放水龙头、洗脸盆、大便器的冲洗水箱的进水口等；对于排水系统，先画出排出管，与排出管相连的排水横管，与排水支管相连的卫生器具的存水弯、立管上的检查口、通气管上的网罩等。

（4）画出穿墙的位置。

（5）注写各管段的公称直径、坡度、标高等数据及说明。

【知识拓展】

给水排水工程图的识读方法

1. 平面图的识读顺序

（1）给水进户管（水表）、污废水的排出管（检查井）的布置；

（2）给水排水干管、立管、支管的布置；

（3）用水设备、卫生器具的布置；

（4）升压、储水设备及水池、水箱的布置；

（5）消防给水管道及消火栓的布置。

2. 系统图的识读顺序

（1）给水系统图按进户管、干管、立管、支管、用水设备的顺序进行；

（2）排水系统图按卫生器具及排水设备、存水弯、器具排水支管、排水横管、立管、排出管的顺序进行；

（3）按照设计说明及设备材料表，清楚管材、管件的选用及其连接的方式和要求。

3. 详图的识读

水表、管道节点、阀门及水泵、卫生设备、排水设备、室内消火栓、消防水泵接合器、管道支架、管道保温、加热设备及开水炉、水箱等设备给出详图，供安装使用。特别是管道支架的形式和位置（平面图和系统图均不绘制），结合规范按详图和标准图进行绘制。

【情境小结】

1. 室内给水排水平面图

室内给水排水平面图主要表示给水管（包括引入管、给水干管、支管等）、排水管（包括排水横管、排水立管、排出管等）、卫生器具、管道附件、地漏等的平面布置图。

2. 室内给水排水系统图

管道平面图主要显示室内给水排水设备的水平布置，给水排水系统图，既反映各管道系统的空间走向，也能反映各管道附件在管道上的位置。

参 考 文 献

[1] 何铭新，李怀健. 画法几何及土木工程制图 [M]. 武汉：武汉理工大学出版社，2009.

[2] 蒲小琼. 画法几何与土木工程制图 [M]. 武汉：武汉大学出版社，2013.

[3] 王宇亮，周成才. 建筑工程制图与识图 [M]. 广州：华南理工大学出版社，2015.

[4] 冷超群，宋军伟，王鳌杰. 土木工程制图 [M]. 北京：中国建材工业出版社，2016.

[5] 刘志杰. 土木工程制图教程 [M]. 北京：中国建材工业出版社，2004.

[6] 陈倩华. 土木建筑工程制图 [M]. 北京：清华大学出版社，2011.

[7] 白丽红. 土木工程识图 [M]. 北京：机械工业出版社，2010.

[8] 张岩. 建筑工程制图（第二版）[M]. 北京：中国建筑工业出版社，2007.

[9] 肖何英等. 土木工程制图 [M]. 上海：上海交通大学出版社，2015.

[10] 杜廷娜等. 土木工程制图 [M]. 北京：机械工业出版社，2010.

[11] 何铭新等. 建筑工程制图（第四版）[M]. 北京：高等教育出版社，2011.

[12] 谭翠萍. 建筑设备安装工艺与识图 [M]. 哈尔滨：哈尔滨工业大学出版社，2017.

[13] 吴信平，王远红. 安装工程识图 [M]. 北京：机械工业出版社，2012.

[14] 周玲. 建筑设备安装工艺与识图 [M]. 西安：西安交通大学出版社，2012.

[15] 雷光明，杨谆. 土木工程制图 [M]. 北京：科学出版社，2016.